计算机与智能科学丛书

图数据挖掘：
算法、安全与应用

宣 琦 阮中远 闵 勇 著

清華大学出版社

北 京

First published in English under the title

Graph Data Mining: Algorithm, Security and Application

by Qi Xuan, Zhongyuan Ruan, Yong Min

Copyright © Qi Xuan, Zhongyuan Ruan and Yong Min, 2021

This edition has been translated and published under licence from Springer Nature Switzerland AG. Part of Springer Nature.

图书在版编目(CIP)数据

图数据挖掘：算法、安全与应用 / 宣琦，阮中远，闵勇著. —北京：清华大学出版社，2023.7

(计算机与智能科学丛书)

书名原文：Graph Data Mining: Algorithm, Security and Application

ISBN 978-7-302-63714-1

I. ①图… II. ①宣… ②阮… ③闵… III. ①数据采集 IV. ①TP274

中国国家版本馆 CIP 数据核字(2023)第 102484 号

责任编辑：王　军
装帧设计：孔祥峰
责任校对：成凤进
责任印制：朱雨萌

出版发行：清华大学出版社
　　　　　网　　　址：http://www.tup.com.cn，http://www.wqbook.com
　　　　　地　　　址：北京清华大学学研大厦 A 座　　　　邮　　　编：100084
　　　　　社 总 机：010-83470000　　　　　　　　　邮　　　购：010-62786544
　　　　　投稿与读者服务：010-62776969，c-service@tup.tsinghua.edu.cn
　　　　　质 量 反 馈：010-62772015，zhiliang@tup.tsinghua.edu.cn
印 装 者：天津鑫丰华印务有限公司
经　　销：全国新华书店
开　　本：148mm×210mm　　　　印　　张：8　　　　字　　数：292 千字
版　　次：2023 年 7 月第 1 版　　　　印　　次：2023 年 7 月第 1 次印刷
定　　价：98.00 元

产品编号：097318-01

前　　言

　　事物之间的相互作用造就了我们的美丽世界。许多现实世界的系统，无论是自然的还是人工的，都可以自然地表达为图或网络以捕捉其拓扑特性，而不是采用欧几里得空间中的坐标形式。在生物学中，蛋白质相互调节，这种生理上的相互作用构成了所谓的生物体的交互组学；神经元相互连接，在大脑中处理信号，导致了智能的涌现；物种相互依赖，从而形成复杂的生态系统。此外，现代交通系统连接了不同国家的不同城市，极大地便利了我们的出行，使整个世界成为真正的地球村。如今，随着我们进入网络空间，各种网络层出不穷。人们通过 Facebook、微信、Twitter、微博等社交网络平台紧密联系，分享各自的观点和个人兴趣。人们可以使用谷歌、百度和雅虎等搜索引擎搜索感兴趣的信息，而这些系统的核心便是一个巨大的网页网络。人们还可以通过电子银行或基于区块链的平台(如以太坊)轻松转移资金。此外，一些强大的数据挖掘或人工智能技术本质上也是网络，如知识图谱和深层神经网络。虽然这些网络促进了个人之间的信息交流，使我们的生活比以前更便捷，但也可能为病毒的传播提供便利，并造成隐私泄露。例如，仅仅根据个人的自我社交网络就可以推断出特定种类的关系[1]。因此，我们迫切需要发展一些方法来更好地了解这些网络的拓扑结构，以便在一定程度上预测并进一步影响其演变趋势。

　　幸运的是，图论作为数学的一个分支，自 1736 年欧拉对哥尼斯堡七桥问题的开创性研究以来[2]，已被完备地建立起来。在这个大数据时代，越来越多的系统被描述为图(网络)，同时，相应的图数据也被不断地发布出来以供研究。网络已吸引了来自众多不同领域的研究人员前赴后继地投身其中。人们通过提出一系列的结构属性，从微观(节点和连边)、中观(模体和社团)到宏观(整个网络)的角度来观察并进一步测量这些网络[3]。在工业界，许多著名的搜索引擎和推荐系统基本上都是根据节点在相应网络中的结构重要性进行排名的，例如著名的 PageRank 算法[4]和协同过滤算法[5]。另外，在学术界，Strogatz 等[6]根据较短的平均距离以及较大的平均聚类系数来表征小世界网络，而 Barabási 等[7]则通过幂律度分布来定义无标度网络。这些研究引领了复杂网络的发展。随后，研究人员提出了各种数学模型，模拟并分析了网络上的流行病传播、同步等不同类型的动力学行为[8]。最近，人们提出了图嵌入技术，如 DeepWalk[9]和 Node2Vec[10]，在网络空间和欧几里得空间之间架起了一座桥梁。因此，我们可以采用机器学习算法来自动分析图数据。很快，深度学习框架，如图卷积网络(GCN)[11, 12]等方法也被陆续提出，用以进一步分析网络图数据。

在本书中，我们主要关注图数据的监督学习。特别地，前 3 章介绍了关于节点分类、链路预测和图分类的最先进的图数据挖掘算法，第 4 章介绍了用于进一步增强这些现有图数据挖掘算法的图增强算法。第 5 章和第 6 章分别分析了这些算法在对抗攻击下的脆弱性以及提高其鲁棒性的方法。值得注意的是，我们还在第 5 章中分析了社团检测作为无监督学习的脆弱性，并进行全面回顾。接下来，我们将对节点分类、链路预测和图分类进行简要回顾，并简单介绍本书的各个章节。

节点分类可以通过属性和结构信息来预测未知节点的标签，这在社会网络分析中具有广泛应用的场景。在某些情况下，同一类别的节点具有相似的拓扑属性，因此我们可以使用基本的结构特征[13]来区分它们，包括节点的度中心性、接近中心性、介数中心性、特征向量中心性、聚类系数、H 指数、核数、PageRank 指数等。我们可以使用其中的一个或多个，再加上机器学习算法来进行分类。这样的模型相对简单且可解释，因为我们很容易知道哪个特征在模型中更重要，而且几乎所有这些手工设计的特征都具有某个特定的物理或社会意义。尽管这种简单的模型在某些情况下是可行的，但在其他一些情况下可能会失效，特别是当现实世界的网络可能包含数以万计的节点，且网络拓扑结构不规则时。随后，研究人员发展了图嵌入技术，将图数据转换为可区分的矢量表示，同时保留固有的图属性。通常的嵌入技术主要基于随机游走、矩阵分解和神经网络。典型的图嵌入算法包括：DeepWalk[9]，它基于 skip-gram 模型[14]，利用网络中节点之间的共现关系信息得到节点的嵌入向量；GraRep[15]，它通过矩阵分解保留了嵌入空间中图形的高阶接近性；以及 LINE[16]，它保留了节点之间的一阶和二阶相似性，从而可以同时呈现网络的局部和全局结构信息。此外，随着深度学习的发展，一系列图神经网络(GNN)架构被提出，实现了节点的端到端分类。Bruna[17]提出了第一个基于谱域的图卷积神经网络(GCN)，它通过傅里叶变换将图和卷积运算扩展到谱域，ChebNet[11]和 CayleyNet[18]分别采用切比雪夫多项式和凯利多项式对图滤波器进行了简化。Kipf 和 Welling[12]通过切比雪夫多项式的一阶近似进一步简化了操作，在基于谱域的方法和基于空域的方法之间架起了桥梁。这些研究在很大程度上促进了空域方法的发展，并显著提高了节点的分类性能。然而，这种深度模型具有高度的非线性和复杂性，使其难以理解并增加了潜在的脆弱性。

在第 1 章中，殳欣成等设计了一个双通道的图神经网络框架来定位网络上的流行病传播源，这可以被认为是一个典型的节点分类问题。其中，节点通道利用网络结构将每个节点表示为嵌入向量，而连边通道将原始网络转换为线图，并提取线图中节点的特征向量作为原始连边的表示。然后，两个通道的特征被整合，用来更好地估计传播源。

链路预测的目的是根据当前观察到的连边来预测缺失的或未来的关系[19]，这在社交网络和生物网络中已被广泛采用。在社交网络中，链路预测被用来推荐可能的朋友关系，从而带来更令人满意的用户体验[20]。在生物网络中，链路预测被用于预测以前未知的蛋白质之间的相互作用，从而大大降低实验方法的成本[21]。此外，用于构建社会和生物网络的数据可能包含不准确的信息，导致虚假的链接[22, 23]，这也可以通过链路预测算法来识别[24]。同样，链路预测也可以仅仅根据成对节点之间的预定义相似度来实现。这种相似性指数可以是局部的，也可以是全局的[25]。例如，共同邻居指数、优先连接指数[7]、Adamic-Adar 指数和资源分配指数[26]是基于局部的，因为它们只涉及目标节点对的一阶或二阶邻居；Katz 指数、有根 PageRank 指数[27]和 SimRank 指数[28]是基于全局的，需要知道整个网络的结构。然后，这些相似性指数的集合可以被输入机器学习模型中，通过与其中一个指数的比较，获得更高的链路预测性能。通过采用图嵌入和 GNN

技术可以进一步提高这一性能，因为一条边的嵌入向量可以很容易地通过二进制运算符，即 Average、Hadamard、Weighted-L1 和 Weighted-L2，将相应的终端节点的嵌入向量结合起来得到更高的链路预测性能。

在第 2 章中，张剑等提出了一个超子结构增强链接预测器(HELP)，作为一个端到端的深度学习框架，用于链路预测。HELP 利用给定节点对邻域的局部拓扑结构，并从超子结构网络中学习特征以进一步利用高阶结构信息。这种方法具有相对较高的效率和较好的效果，实现了最先进的链路预测性能。

图分类的重点是通过不同网络的结构差异进行分类。在化学中，我们可能希望根据每个化合物的结构特征将其分类为有毒或无毒[29]。考虑传统的新药发现是非常昂贵的，这可能对药物研究和开发有帮助[30]。在社会网络中，我们可以用图捕捉个人行为。例如，我们可以根据人的流动性或工作痕迹为其建立流动性网络[31]或焦点转移网络[32]，这样就可以根据这些网络的结构特性对其分组。还可以根据团队的内部交流模式对其分类。同样，可以简单地使用图的统计数据，如度分布和平均最短路径长度，对不同的网络进行分类[33, 34]。此外，可以处理整个图，得到不同的小图或子图的数量，也可以使用这些频率统计产生图分类的特征向量[35, 36]。另一种流行的方法是定义图核来测量图之间的相似性，可以将其插入一个核机器中。研究人员已经提出了许多图核，包括最短路径核[37]、Graphlet 核[38]、随机行走核[39]、Weisfeiler-Lehman 核[40]和深度图核[41]。同时还提出了图嵌入技术(如 Graph2Vec[42])，以及 GNN 技术(如 DiffPool[43])和图注意力网络(GAT)[44]，用于图分类，并且取得了良好的效果。

在第 3 章中，王金焕等介绍了构建子图网络(SGN)的方法，并通过整合不同的采样策略，进一步介绍了具有更高扩展性和多样性的采样子图网络(S^2GN)。他们利用 SGN 和 S^2GN 来扩展目标网络的结构特征空间，再加上宽度学习(Broad Learning)，显著提高了一些图分类算法的性能。

在第 4 章中，周嘉俊等进一步介绍了一种新的迭代技术，即 M-Evolve，用于图数据增强。M-Evolve 包括子图增强、数据过滤和模型再训练，适用于包括节点分类、链路预测和图分类在内的多种任务。实验表明，该方法在一定程度上有助于克服过拟合，并能显著增强一系列图数据挖掘算法。

算法安全主要是分析图数据挖掘算法在网络结构的某种扰动下的脆弱性，并进一步提出相应的防御策略。最近的研究表明，许多人工智能(AI)算法在对抗性攻击下可能相当脆弱，例如通过对图像像素值的微小扰动，可以使得图像分类器的性能大大降低。这种对抗性攻击也可以威胁到图数据挖掘算法，即它们的性能可以通过稍微改变网络结构而大大降低。另外，我们也可以设计某些方法来检测和进一步防御这种攻击，从而提高图数据挖掘算法的鲁棒性。

在第 5 章中，单雅璐等对图数据挖掘的对抗性攻击进行了简要回顾。他们对现有的攻击方法进行了简单的分类，这些方法可能是启发式的、梯度的或基于强化学习的。然后，针对每个图挖掘任务详细介绍了一到两种对抗性攻击方法。实验结果表明，大多数图数据挖掘算法容易受到图结构或特征微小变化的干扰。

在第 6 章中，徐慧玲等简要回顾了针对图数据挖掘算法恶意攻击的防御策略。他们将这些策略分为 5 类：对抗性训练、图的净化、可认证的鲁棒性、关注机制和对抗性检测。不同种类的策略有不同的应用场景。希望此类研究能够提醒研究人员和工程师，算法的鲁棒性在许多现实世界的应用中可能至关重要。

应用是算法发展的驱动力。其余 6 章介绍了图数据挖掘算法在金融、社交网络、交通、通信、流行病等方面的各种应用；并希望引起数据挖掘、知识发现、人工智能、网络科学以及相关应用领域的科学家和研究人员的关注。这些章节的内容简要介绍如下。

在第 7 章中，谢昀苡等介绍了一个时间序列快照网络，将以太坊交易记录建模为一个空间-时间网络，并定义了时间上的有偏游走，从而有效地将账户转化为嵌入向量。在此基础上，他们使用节点分类和链路预测技术，分别检测网络钓鱼和跟踪交易。这类研究有助于从网络角度更好地理解以太坊交易系统。

在第 8 章中，张剑等建立了一个基于 Yelp 数据集的朋友网络，并通过随机森林和变分图自动编码器(VGAE)方法推荐朋友。随机森林将多个人工设计的节点相似度指数作为输入，而 VGAE 通过深度学习框架自动学习网络结构特征。进一步地，他们构建了一个共同觅食网络，并向用户推荐潜在的餐友，验证了链路预测方法在 Yelp 上的潜在应用。

在第 9 章中，徐东伟等介绍了一个图卷积递归神经网络来预测交通流量。他们建立了一个交通网络，然后采用 GCN 模型来学习道路之间的相互作用以捕捉空间依赖性，并使用长短期记忆(LSTM)神经网络来学习交通动态变化以捕捉时间依赖性。他们在杭州交通网络上进行了预测，验证了该方法的有效性。

在第 10 章中，裘坤峰等介绍了循环有限可视图(CLPVG)，将时间序列映射到图中，该方法优于传统的有限可视图(LPVG)。此外，他们还介绍了第一个基于 GNN 的端到端时间序列分类方法，并在几个时间序列数据集上验证了该方法的有效性。

在第 11 章中，闵勇等介绍了社交机器人的概念，包括其定义、使用和潜在的影响。他们还介绍了在社交网络上部署社交机器人的相关技术，并总结了几种检测此类社交机器人的方法。未来，随着人工智能技术的发展，各种社交机器人可能会越来越多地被部署在网上，这可能会污染互联网生态系统，并引发网络空间安全问题。同时，社交机器人作为人工噪声，可能会在一定程度上误导图数据挖掘算法，这值得引起各领域研究者的更多关注。

本中文版翻译自英文书 *Graph Data Mining: Algorithm, Security and Application*，其中各个章节的新增与修改之处包括：第 5 章新增了表 5.1 及相关描述；第 6 章修改了图 6.3、图 6.4 以及在 6.8.2 节添加了两个数据集以及相关结果描述。

本书参考文献请扫封底二维码下载。

宣琦
中国杭州

目 录

第 *1* 章

基于多通道图神经网络的
信息源估计

殳欣成，余斌，阮中远，张清鹏，宣琦

摘要： 现代社会的高度互联性导致了有害信息的传播，如谣言、计算机病毒、传染病等，给我们的社会带来了巨大的灾难。因此，定位并及时隔离疫情或谣言的来源非常重要。在本章中，我们提出了一种基于图神经网络(GNN)的多通道图神经网络框架来有效地定位信息源。与以往的方法不同，我们将该任务转化为一个图深度学习问题，并设计了两个特征输入通道作为解决方案。具体来说，节点通道利用网络结构将每个节点表示为一个嵌入向量，该向量捕获节点的重要结构信息。连边通道将原始网络转换为一个线图，提取线图中节点的特征向量作为原始连边的表示。最后，将两个通道的特征聚合在一起，估计每个节点成为信息源节点的概率。我们从合成网络和现实网络两方面评估我们的方法。大量的实验证明，我们的方法在识别信息源的任务方面是有效的。

1.1　介绍

在我们的日常生活中传播现象极为普遍，如创新思维、新闻、计算机病毒和谣言的传播。其中有害信息或疾病的传播会让社会付出巨大的政治和经济代价。例如，COVID-19 病毒在全球广泛传播期间，现实中的疾病和社交网络上的相关谣言都给世界带来了很大的灾难。因此，控制病毒的传播具有重要的现实意义。为了实现这一目标，一种有效的策略是对这些传播过程建模并理解其潜在机制。目前，已有许多流行病和信息扩散模型，如经典的易感-感染(SI)模型、易感-感染-恢复(SIR)模型和易感-感染-易感(SIS)模型等。基于这些模型，大量的研究工作集中在研究信息/流行病在网络中传播的范围、速度和爆发阈值等[35,38-40]。另一个逆向问题是如何定位源节点(如图 1.1 所示)，这在实际控制信息或流行病传播过程中非常有用。

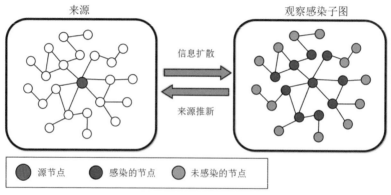

图 1.1　寻找信息源的关键是通过反向推理网络中的信息传播来识别或检测，其基本思想是通过在某一快照下观察到的感染子图来反向估计信息源的位置

　　然而，由于许多原因，信息源推断是一个难以解决的问题。首先，信息扩散过程具有很强的动态性，即使从同一源头出发，也往往表现出不同的模式。其次，在实际情况中，潜在的传播机制通常并不清楚。而现有的传染源定位方法大多预先假设了一个特定的传染模型。例如，Shah 和 Zaman[44,45]首先在树状网络上研究了这个问题，并假设信息扩散过程是由易感-感染(SI)模型表征的。后来的工作考虑更现实的模型，如 SIR 和 SIS 模型。然而，一些实际的扩散过程要复杂得多，因此不能简单地用这些模型来描述。再者，现有的主流方法计算复杂度高，使用的先验知识(如子图结构和传播概率)可能与实际场景不符。例如 Lokhov 等[29]提出了动态消息传递(Dynamic Message Passing, DMP)方法来估计源，该方法利用网络中的

所有节点来计算给定节点在给定状态下的边际概率。但是，DMP 效率低，耗时长。Chang 等[10]提出了一种名为贪婪搜索边界近似(Greedy Search Bound Approximation，GSBA)的最大后验估计器，用其他方法(如谣言中心或约旦中心)作为先验来检测信息源。DMP 和 GSBA 都需要知道任意两个节点之间的传播概率，才能得到最大似然估计。而在实际情况下，传播概率很难精确估计。上述缺点极大地限制了现有算法在实际场景中的应用。

以图 1.2 为例，其中橙色节点表示信息源，红色和蓝色节点表示收到信息的个人(被感染者)。注意，蓝色节点位于扩散子图的边缘，连接未受感染的节点和核心受感染的节点(红色节点)。我们的目的是在给定的扩散子图(包括红色节点和蓝色节点)中识别源节点。对于接收到信息的节点，可以根据邻居节点的状态来判断其是否为源节点。例如，节点 2 有两个未受感染的相邻节点(即节点 3 和节点 4)。因此，节点 2 不太可能是信息的来源，因为直观上，如果节点 2 是信息源，那么它的邻居节点很可能都被感染。Ali 等[1]采用了上述思想，提出了一种新颖的基于节点年龄算法——EPA，该算法通过考虑感染和非感染邻居的特征来计算被感染节点的"年龄"(即存在的时间)。此外，从扩散子图(图 1.2)中，我们可以看到源节点始终处于核心位置，节点的各种重要指标都可以反映出这一点。近年来，基于中心性的方法在信息源检测中得到了广泛的应用，并取得了良好的性能。扩散过程具有时间性的特点，如图 1.2 所示。在扩散子图中，有向边的重要性随着其离源节点距离的减小而增大。例如，边 e_1, e_2, e_3 的重要性之间的关系显然是 $e_1>e_2>e_3$。然而，据我们所知，目前还没有将连边特征与高阶结构特征相结合的信息源检测方法。

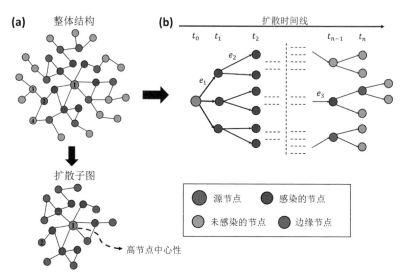

图 1.2 单个信息源检测问题分解图。(a)通过对传播模型的仿真，我们可以得到全局结构拓扑上每个节点的感染状态。此外，还可以提取感染状态下的节点形成的扩散子图，用于推断真实源。一般情况下，真实源的节点中心性较高。(b)扩散过程是高度动态的，以往的工作在推断源节点时没有考虑高阶网络特征(即边缘重要性)。例如，显然，边 e_1,e_2,e_3 的重要性之间的关系是 $e_1>e_2>e_3$

在本章中，我们研究了单信息源检测问题(Single Information Source Detection, SISD)，我们假设传播模型为异质 SI 模型。这个问题可被看作端到端的问题：输入为无向网络拓扑和每个节点的特征(如感染状态和节点中心性度量)，输出为每个节点成为信息源节点的可能性。近年来，图神经网络以其令人信服的性能和较高的可解释性被广泛应用于图结构数据的各种任务和实际场景中。为了求解 SISD，Shah 等[46]使用图神经网络在不知道潜在动力学及其参数的情况下推断信息源。但他们并没有从扩散子图中提取高阶结构特征来推断信息源。本章的主要贡献总结如下：

- 在 GNN 的基础上提出了一个多通道(节点通道和连边通道)的图神经网络框架，以有效地定位信息源。这两个通道利用网络结构分别提取节点和连边特征。采用特征融合方法，提高了信息源检测的精度。

- 对于扩散子图中的每个节点,我们构造结构特征和先验知识特征作为 GNN 的输入,以帮助估计源节点。先验知识特征包括节点的感染状态,以及通过一些以前的方法计算的每个节点作为源的概率。
- 我们在合成网络和真实数据集上进行了广泛的实验,证明了我们提出的模型的有效性和效率。

本章的其余部分组织如下:1.2 节简要回顾了相关的工作。1.3 节介绍了单信息源检测的一些初步情况。1.4 节展示了我们提出的模型 MCGNN 的体系结构和细节。实验结果见 1.5 节。最后,1.6 节总结了本章内容。

1.2　相关工作

近十年来,信息源检测受到了广泛的关注和研究。本节主要从以下 3 个方面对相关研究进行综述:①信息扩散模型,②信息源检测,③图神经网络。

1.2.1　信息扩散模型

建立传播过程的物理模型对于控制社交网络中的流行病或谣言具有重要意义。它吸引了来自计算机科学、流行病学、社会学和物理学等不同领域研究人员的广泛关注。研究者们提出了大量的传播模型,如 SI 模型、SIS 模型、SIR 模型和线性阈值(Linear Threshold, LT)模型。在 SI 模型中,个体有两种状态:易感态和感染态。易感态个体在遇到感染态个体时会以一定概率被感染,而感染态个体会一直保持其状态直至动力学过程结束。在 SIS 模型中,感染态节点会以一定概率恢复到易感状态,然后再次参与感染过程。与此不同的是,在 SIR 模型中,感染态节点将变成移除状态,并且永远不会被感染或再次感染其他节点。LT 模型假设只有当节点的受感染邻居比例大于一个阈值时,该节点才能被感染。在本章中,我们使用异质 SI 模型生成扩散子图,在扩散子图中,不同连边上的感染概率是异质的。

1.2.2 信息源检测

本章研究的问题可被看作信息扩散建模的逆向推理过程。在 SI 模型下，人们提出了多种方法以识别单个信息源。例如，Shah 和 Zaman[44,45]首次利用 SI 模型研究了单源检测问题，并构造了信息源的估计器，称为谣言中心性(Rumor Centrality, RC)。对于每个节点，RC 表示一个病毒可能的传播路径数量及其相应的概率。然而，作者只考虑了一种简单的情况，即底层网络是无权无向的。Luo 等[31]对该问题进行了进一步研究，提出了一种具有二次复杂度的估计传染源实际数量和恒等式的算法。同时，Luo 等[32]也考虑了用有限观测估计传染源的问题。Dong 等[13]构造了一个最大后验(Maximum a Posteriori，MAP)估计器来识别具有不同先验设置的谣言源。为了处理 MAP 估计器的分析，他们还提出了一个局部谣言中心的关键概念，这个概念来源于谣言中心性(RC)。Wang 等[48]解决了 SI 模型下的多观测点的谣言源检测问题。对于树状网络，作者发现，多个独立的观测数据可以极大地提高检测概率。Jain 等[22]提出了一种基于代理随机漫步过程命中时间统计的启发式方法，可用于逼近谣言源的极大似然估计。Chang 等[10]提出了一种名为贪心搜索边界近似的最大后验估计器(GSBA)，用其他方法作为先验来检测信息源。Choi 等[11]通过在 SI 模型下查询个体来研究这个问题，给出一个信息扩散图的样本快照。他们提出了两种实用的估计算法，分别是非自适应和自适应类型，并对每种算法进行了定量分析，以确保检测精度。

此外，研究人员还在其他常见的流行病模型下进行了研究，如 SIR 和 SIS 模型。Zhu 等[56]在 SIR 模型下开发了一种基于样本路径的方法来检测树结构图中的信息源，并提出了逆向感染(Reverse Infection，RI)算法来寻找一般图中的信息源，并证明了其为约旦中心(Jordan Centrality, JC)[24]。根据观察到的扩散子图，信息源的估计器被选择为与样本路径相关联的根节点。Luo 等[30]假设感染过程遵循 SIS 模型，通过估计与最可能感染路径相关的最可能感染源，导出了一个估计量。此外，Lokhov 等[29]针对 SIR 模型，提出了一种基于动态消息传递方程的新算法 DMP，通过给定网络拓扑和某些节点在某一时刻的快照来估计源。它使用类似于平均场的近似来计算观察到的快照的概率作为边际概率的乘积，这是节点排名的基础。而 DMP 方法耗时太长，无法应用于真实场景，且用于计算边际概率的传播概率又非常难以捕获。不像大多数现有的方法，Altarelli 等[4]对 SIR 模型下的信息源检测进行贝叶斯推理。他们导出了信念传播(Belief Propagation, BP)方程，该方程可以精确计算每个节点状态的后验分布。此外，他们还用有噪声的观测值[3]推广了这个问题。

此外，许多研究人员关注于检测多个信息源的问题。Prakash 等[36]提出采用最小描述长度原则来识别最佳种子节点集和病毒传播波纹，它最简洁地描述了受感染的图结构。他们提出了一种高效的算法，即 Netsleuth，来识别给定快照的可能的种子节点集。给定这些种子节点，作者表明 Netsleuth 可以通过最大化似然来优化病毒的传播波纹。Fioriti 等[16]引入了一种动态年龄方法来识别在一般网络中的多个扩散源。他们的结果表明，与邻接矩阵最大特征值相关的存在最久的节点是扩散的来源。Zhu 等[57]提出了一种新的源定位算法，称为 Optimal-Jordan-Cover(OJC)。该算法首先使用候选选择算法提取子图，并根据观察到的受感染节点的数量选择候选信息源节点。考虑异质 SIR 模型在 ER 随机图上的传播，他们证明了 OJC 可以在部分观测的情况下以概率为 1 的渐进方式定位所有来源。Jiang 等[23]提出了一种新方法，即 K 中心法，用于识别一般网络中的多个扩散源，该方法可以解决有多少扩散源以及扩散出现在哪里的问题。Wang 等人[49]提出了基于标签传播的信源识别(LPSI)算法，该算法利用信息源显著性的思想，利用标签传播机制在不了解底层传播模型的情况下找到多个信息源。Ali 等人[1]提出了一种新的算法，称为基于节点年龄(EPA)算法，该算法通过考虑受感染和未受感染邻居的特征来计算受感染节点的存在时间。

1.2.3　图神经网络

图神经网络(GNN)[8,18,51,53]受到了各个领域的广泛关注，如社会科学[20,27]、物理学[7,41]、生物学[17]、知识图[19,34]和许多其他研究领域[26]。

最早是在文献[42]中提出图神经网络的概念，它扩展了现有的神经网络，用于处理图表示的数据。Kipf 和 Welling[27]提出了一种称为 GCN 的谱域方法，它采用了图卷积的局部一阶近似。最近，Velickovic 等[47]提出了图注意网络(GATs)，以基于注意机制聚合局部邻居信息。对于信息源检测问题，Dong 等[14]提出了一种基于深度学习的模型——称为 GCNSI——来定位多个谣言源，而不需要事先了解潜在传播模型。此外，Shah 等[46]利用图神经网络(GNN)重新研究了这个问题，以寻找患者零(P0)，同时他们为流行病模型中识别 P0 建立了一个理论极限。我们的工作也基于图卷积网络的结构，考虑扩散子图中每个受感染节点的节点重要性特征和先验知识，并建立多个通道来扩展该体系结构以从多个角度学习信息源。

1.3　准备工作

在本节中，我们将介绍 MCGNN 所需的基本知识和相关技术。表 1.1 总结了常用的符号。

表 1.1　符号总结

符号	描述
$G = (V, E, W)$	一个无向、有权重的社交网络
G_I	G 的扩散子图
η_{ij}	节点 i 和 j 之间的传播概率
V	G 中的顶点集
E	G 中的边集
$Y = (Y_1, ..., Y_{|V|})^T$	社交网络的感染状态
$Y_i \to \{1,0\}$	单个节点的感染状态 i
s	预测的信息源
s^*	真实的信息源
λ	L2 正则化的权重
y'	MCGNN 的输出
y	信息源的标签

问题定义

让我们考虑一个无向加权网络 $G=(V,E,W)$，其中 V 是节点集，E 是边集，$W=[\eta_{ij}]$ ($\eta_{ij} \in [0,1)$)是从节点 i 到 j 的信息传播概率。设 $Y=(Y_1,\cdots,Y_{|V|})^\mathsf{T}$ 是 G 中所有节点的感染状态。每个节点的状态为 $Y_i \in \{1,0\}$，表示节点 $v_i \in V$ 的感染状态，其中 $Y_i=1$ 和 $Y_i=0$ 分别表示 v_i 已感染和未感染。在本章中，我们假设源由单个节点组成，并应用异质 SI 模型来描述扩散过程。

异质 SI 模型是 SIR 流行病模型的一个变体[25]。它假设每个节点有易感和被感染两种可能的状态。一旦一个节点 i 被感染(或接收到信息)，它将保持该状态直到动力学过程结束。同时，受感染节点 i 将以 η_{ij} 的概率将信息传播给其易受感染的邻居节点 j。我们假设不同边上的感染是独立的。信息在网络上传播一段时间后，就会出现一组被感染的节点，用 V_1 表示，其中包括源节点 s。这些节点和它们的互连边 E_1 可以生成 $G(V,E)$ 的扩散子图 $G_1(V_1,E_1)$，分别称为 G_1 和 G。G_1 是连通的，因为每个易受感染的节点只能被其邻居感染。

例如，图 1.3 为 SI 模型下的一个扩散子图的示意图，其中节点 1、2、6 和 10 处于感染态(形成一个扩散子图)，其他节点为易感态。在我们的实验设置中，可以观察到的数据只包括图结构和传播过程的快照(即已知每个节点在给定时间的状态)，而每个感染事件的时间和每个节点对之间的传播概率未知。问题是如何根据这些信息定位源节点。为了解决这个问题，让我们首先介绍以下定义。

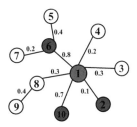

图 1.3　SI 模型下的扩散子图，其中红色和棕色节点为感染态，其他节点为易感态。
连边上的数字表示两个相邻节点之间的信息传播概率

定义 1(全局图) 全局图 $G(V, E, W)$ 是信息传播的原始网络，其中相对于节点集和边集。$W = [\eta_{ij}]$ 是节点 i 与节点 j 之间的信息传播概率。

定义 2(扩散子图) 扩散子图 $G_I (V_I, E_I)$ 是 G 的连通子图，由感染的节点 $V_I \subseteq V$ 和相应的边缘 $E_I \subseteq E$ 组成。

定义 3(来源) 源 s^* 是全局图 G 上信息起始的节点。

定义 4(单一信息源检测) 给定一个扩散子图及其对应的全局图，该研究中的问题是识别 G_I 中的感染源 s^*，假设在异质 SI 扩散模型下 G_I 已被单一来源感染。

定义 5(线图) 给定一个网络 $G(V, E)$，线图用 $G^*=L(G)$ 表示，是从 G 到 $G^* = (V^*, E^*)$ 的映射，其中 $V^* = \{v_1^*, v_2^*, \cdots, v_{|E|}^*\}$ 和 $E^* \subseteq (V^* \times V^*)$ 分别表示节点和连边集。映射过程如下：如图 1.4 所示，如果原始网络中连接了两个节点 v_i 和 v_j，则它们之间的连边转换为一个节点；如果相应连边在原始网络中共享同一终端节点，则线图中的两个节点连接。

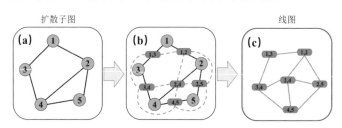

图1.4 从给定网络构建线图的过程：(a)原始网络(即我们任务中的扩散子图)；
(b)提取线作为节点并在这些线之间建立连接；(c)对应的线图

1.4 多通道图神经网络

在这部分中，基于 GNN，我们引入了一个多通道图神经网络框架来有效地定位信息源。与以往的方法不同，我们将该任务转化为一个学习问题，并设计了两个特征输入通道(即节点通道和连边通道)作为解决方案。具体来说，节点通道利用网络结构将每个节点表示为一个嵌入向量，该嵌入向量捕获节点的重要结构信息。连边通道将原始网络转换为线图，并提取线图的特征向量作为原始边缘的表示。最后，将两个通道的特征聚合在一起，以估计每个节点成为源节点的概率。在这方面，我们的框架 MCGNN 结合节点级向量和高阶特征，可以提高信息扩散源推理的性能。

1.4.1　输入的特征指数

在这项工作中，我们提取了两组特征：基于扩散子图的节点特征(如结构特征或先验知识)和基于线图的连边特征。扩散子图中的节点特征通常用于信息源检测[2,12]。然而，在以往的单信息源检测研究中，连边的重要性在很大程度上被忽视。我们在这里试图填补这个空白。首先，我们将原始全局图转换为线图，其次计算线图的节点中心性指数，以直接定义原始网络中的连边重要性。此外，全局图中未受感染节点的特征设置为零，以和受感染节点区别。

1. 结构特征

具体地，扩散子图和线图具有以下结构特征。

- 度中心性(DC)。节点 i 的度中心性被定义为：

$$DC_i = \frac{k_i}{N-1} \tag{1.1}$$

其中 k_i 为节点 i 的度，N 为对应图(即扩散子图或线图)中的节点总数。

- 接近中心性(CC)。节点 i 的接近中心性被定义为：

$$CC_i = \frac{N}{\sum_{j=1}^{N} d_{ij}} \tag{1.2}$$

其中，d_{ij} 表示节点 i 和节点 j 之间的最短路径长度。节点 i 与其他节点之间的距离越短，节点 i 的中心位置越高，因此 CC_i 指标越大。

- 介数中心性(BC)。节点 i 的介数中心性被定义为：

$$BC_i = \sum_{s \neq i \neq t} \frac{n_{st}^i}{g_{st}} \tag{1.3}$$

其中，g_{st} 是对应图中节点 s 和 t 之间的最短路径总数，n_{st}^i 表示通过节点 i 的节点 s 和 t 之间的最短路径数。

- 特征向量中心性(EC)。特征向量中心性也被称为特征中心性。节点 i 的特征向量中心性被定义为：

$$EC_i = \alpha \sum_{j=1}^{N} a_{ij} EC_j \tag{1.4}$$

其中，a_{ij} 为对应图邻接矩阵的元素，即节点 i、j 连接时，$a_{ij}=1$；否则，$a_{ij}=0$，且 α 应小于邻接矩阵最大特征值的倒数。

- 聚类系数(C)。在这项研究中，我们考虑局部聚类系数。节点 i 的聚类系数被定义为：

$$C_i = \frac{2L_i}{k_i(k_i - 1)} \tag{1.5}$$

其中，L_i 是节点 i 的 k_i 个邻居之间的连边数。

- H 指数(H)。H 指数是一种用于衡量学者或科学家的生产率和引用影响的指标[21]。将节点 i 的相邻度按降序排序，H 指数计算如下：

$$H_i = \max_{j \in \mathcal{N}(i)} \min(k_i, j) \tag{1.6}$$

其中，$\mathcal{N}(i)$ 表示节点 i 的邻居集。

- 核心性(CO)。核心性是基于 k-core 定义的。网络的 k-core 定义为每个节点至少具有 k 度的最大子网络[6,43]。如果一个节点属于 k-core 但不属于 $(k+1)$-core，则它拥有核心 k[9]。

- PageRank(PR)。PageRank 是衡量网站页面[33]重要性的常用方法。潜在的假设是，更重要的网页往往有更多来自其他网页的链接。其迭代公式定义为：

$$PR_i(t) = (1-c) \sum_{j=1}^{N} a_{ij} \frac{PR_j(t-1)}{k_j} + \frac{c}{N} \tag{1.7}$$

其中，c 是介于 0 和 1 之间的自由参数。在本研究中，我们设定 $c=0.15$。

2. 先验知识特征

研究信息源推断问题的方法很多，如距离中心性、约旦中心性、谣言中心性、LPSI[49]和 EPA[1]。我们将这些方法与 GNN 相结合，以提高检测精度。特别是，基于这些方法，将计算扩散子图中每个感染节点的重要性值，并将其作为每个节点的特征输入我们的 MCGNN 框架中。下面，我们将简要介绍这些方法。

- 作为信息源的节点，最基本的度量是距离中心度 $D(i)$，其定义为：

$$D(i) = \sum_{j \in G_1} \text{dis}(i, j) \tag{1.8}$$

其中 $\text{dis}(i, j)$ 是图 C_1 中节点 i 和节点 j 之间的最短路径长度。

- 约旦中心性 $J(i)$ 被定义为从节点 i 到其他感染节点[55]的最大距离：

$$J(i) = \max_{j \in G_1} \text{dis}(i, j) \tag{1.9}$$

具有最小 $J(i)$ 的节点 i 被称为 G_1 的"约旦中心"。

- 谣言中心性是在假设沿每条边传播概率相等的同质 SI 模型下，用极大似然估计来检测源。$\text{RC}(i)$ 定义为从 i 开始的允许排列数：

$$\text{RC}(i) = \prod_{j \in G_1} \frac{N!}{T_j^i} \tag{1.10}$$

其中 j 是 G_1 中的一个节点，T_j^i 是以 i 为源的以 j 为根的子树中的节点数。

- 基于标签传播的源识别(LPSI)最早在[49]中提出，其灵感来自基于标签传播的半监督学习方法[54]。在 LPSI 中，迭代公式和收敛状态定义如下：

$$\mathscr{G}_i^{t+1} = \alpha \sum_{j \in \mathcal{N}(i)} S_{ij} \mathscr{G}_j^t + (1 - \alpha) Y_i \tag{1.11}$$

$$\mathscr{G}^* = (1 - \alpha)(I - \alpha S)^{-1} Y \tag{1.12}$$

在式(1.11)中，$\alpha \in (0, 1)$ 是用来控制邻居对节点 i 的影响的参数。$\mathscr{G}_i^t$ 为节点在 t 时刻的感染状态，S_{ij} 为 G_1 的正则化拉普拉斯矩阵 S 的第 (i, j) 个元素。N_i 是节点 i 的给定感染状态。在式(1.12)中，$\mathscr{G}^*$ 是网络的融合状态。I 是单位矩阵。$S = D^{-1/2}WD^{-1/2}$ 是 G_1 的正则化拉普拉斯矩阵，其中 D 是一个对角矩阵，其(i,j)元素等于 W 的第 i 行之和，W 是图 G_1 的邻接矩阵。

- Ali 等人[1]提出了基于节点年龄的算法 EPA。它利用了免责效应和局部突出的概念。从任意节点 i 开始，作者应用 BFS(Breath-First Search)算法遍历扩散子图。由于 BFS 在迭代 l 中生成的节点是距离 i 的 l 个跃点，因此这些节点被认为属于 l 层。对于 l 层的节点 j，突出被定义为：

$$P_j^l = \left(\frac{I_j}{O_j}\right) \Big/ \left(\frac{1}{1+\ln O_j}\right) \tag{1.13}$$

其中，I_j 和 O_j 分别是扩散子图和全局图中节点 j 的对应度。因此，节点 i 的年龄将是从$(0-r-1)$层开始的每个层的显著性之和。

$$A(i) = \frac{\sum_{i=0}^{r-1}\sum_{v\in V_i}P_j^l}{\text{ECC}(i)} \tag{1.14}$$

其中，r 表示子图 G_1 的半径，$\text{ECC}(i)$ 表示子图 G_1 中节点 i 的偏心率。

1.4.2 图卷积网络

图卷积网络(GCN)[27]是卷积神经网络(CNN)在图数据上的扩展，它在图中节点的邻域上生成局部置换不变聚合，从而可以有效地捕获图的特征。GCN 模型是通过叠加多个 GCN 层建立的。每个 GCN 层的输入是顶点特征矩阵 $H \in \mathbb{R}^{N\times F}$，其中 N 为顶点数，F 为特征数。H 的每一行由 h_i^T 表示，与一个顶点相关联。一般来说，GCN 层的本质是输出 $H' \in \mathbb{R}^{N\times f}$ 的非线性变换：

$$H' = \text{GCN}(H) = \sigma(A(G)HW^T + b) \tag{1.15}$$

其中，$W \in \mathbb{R}^{f\times F}$，$b \in \mathbb{R}^f$ 为模型参数，σ 为非线性激活函数，$A(G)$ 为捕捉图 G 的结构信息的 $n\times n$ 矩阵。GCN 将 $A(G)$ 实例化为与归一化图拉普拉斯矩阵密切相关的静态矩阵：

$$A(G) = D^{-1/2} \widetilde{A} D^{-1/2} \tag{1.16}$$

其中，$\widetilde{A} = A + I$ 为 G 的邻接矩阵，I 为单位矩阵，$D_{ii} = \sum_j \widetilde{A}_{ij}$ 表示 G 的度矩阵。

1.4.3　MCGNN 的体系结构

通过应用 GCN 框架，我们研究了单信息源检测(SISD)问题。输入是给定网络中节点的若干特征，输出是可能的信息源。根据 SISD 的性质，它可以被视为多标签分类问题的一种变体，该问题旨在为每个节点分配一个二值标签(0,1)。在我们的模型中，主要考虑了节点重要性和连边重要性。在以前的研究中，后者在很大程度上被忽略了，但在探测源头时可能非常重要。为了验证我们的假设，我们提取线图中每个节点的特征作为原始扩散子图的扩展特征。结果表明，同时提取节点和连边特征可以有效提高信息源检测的准确性。由于 GCN 能有效地捕捉图的顶点域和谱域的特征，因此采用 GCN 表达复杂的邻域信息是合适的。

如图 1.5 所示，模型的架构(称为 MCGNN)可分为两个主要通道，即节点级通道和连边级通道。首先，通过全局图下的异质 SI 模型生成训练样本集。其次，我们构造模拟扩散子图中每个节点的特征，包括结构特征和谣言相关特征，作为特征矩阵 W 输入到 GCN 层。同时，我们对扩散子图中每个节点的 2 阶自我网络进行采样，并提取相应线图的全局结构特征作为边的重要性。最后，将 GCN 的输出矩阵和线图的特征矩阵聚合为最终矩阵，包括节点级部分和连边级部分。此处连边级特征的聚合方式简单地表示为：

$$\psi_i^{(n)} = \frac{1}{k_i} \sum_{j \in N(i)} \phi_{ij}^{(n)} \tag{1.17}$$

式(1.17)表示节点 i 的连边级特征由相邻连边上的对应特征平均聚合而来，$\psi_i^{(n)}$ 表示第 n 个连边级特征聚合后节点 i 的对应特征，$\phi_{ij}^{(n)}$ 表示线图上节点 i 和 j 第 n 个连边级特征。此外，我们采用全连接层和 sigmoid 函数将输出矩阵转换为概率向量，其中每个值表示对应节点是信息源节点的概率。MCGNN 的预测输出用 y' 表示。

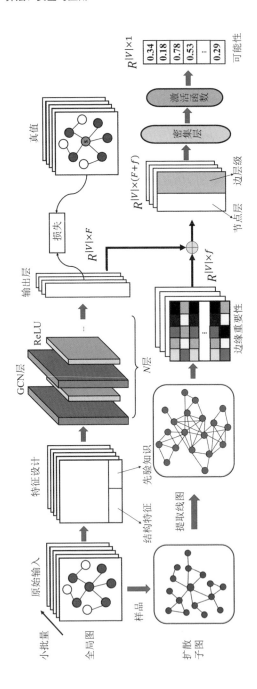

图 1.5   MCGNN 架构通过提取扩散子图的连边重要性特征，提高了信息源节点估计的精度

1.4.4　损失函数

我们将 MCGNN 的训练样本表示为(x, y)，其中输入为 x，输出为 y。对于给定的输入，对应的输出是每个节点的真实标签(关于它是否是信息源)。如前所述，SISD 是多标签分类问题的一种变体，我们需要同时预测每个节点是否是信息源。因此，我们采用 S 形交叉熵损失作为损失函数。此外，在损失函数中使用 L2 正则化来减少过度拟合。损失函数描述如下：

$$\mathscr{L}(y', y) = -\log \sigma(y') \times y - \log(1 - \sigma(y')) \times (1 - y) + \lambda \|w\|_2 \quad (1.18)$$

其中，y'是带有输入 x 的 MCGNN 的输出，y 是真实标签，σ 是 sigmoid 函数。w代表 MCGNN 中的所有权重，$\|w\|_2$ 是 L2 正则化项，λ 为权重系数。

1.5　实验

在本节中，我们首先介绍实验设置，包括数据集、基线和评估指标。然后探讨我们的方法对小规模和大规模扩散子图的检测效果，并将该方法与不同的合成网络和现实网络上的基线进行比较。

1.5.1　数据集和实验装置

我们评估了本章提出的单一信息源检测方法在 6 个不同网络上的性能，包括 3 个合成网络(即 ER 随机[15]、BA 无标度[5]和 4-规则网络)和现实世界网络(即 Email-univ[37]、Facebook[28]、美国电网(USPG)[50])。这些网络的基本统计数据如表 1.2 所示。为了分析所提出的方法的普适性，我们考虑了两种不同的扩散子图尺度(小尺度和大尺度)。小尺度实验中的节点数范围为 20～60，间隔为 5；大尺度实验中的节点数范围为 400～600，间隔为 100(见表 1.2 的最后两列)。

表 1.2　数据集统计数据

网络	节点	边	度	小尺度	大尺度
BA 无标度	1000	2991	5.982	20～60	400～600
ER 随机	1000	4000	8.0	20～60	400～600
4-规则	1000	2000	4.0	20～60	400～600
Email-univ	1133	5451	9.622	20～60	400～600
Facebook	4039	88234	43.961	20～60	400～600
美国电网(USPG)	4941	6594	2.699	20～60	400～600

1.5.2　基线和评估指标

为了验证 MCGNN 方法的性能，我们将其与以下方法进行比较。在对比实验中，我们使用相同的设置。例如，保持独立实验的数量相同，且所有实验均采用 SI 模型。

- 距离中心度(DC)：DC 在排名后选择距离中心度最小的受感染节点作为源。距离中心性是从一个节点到其他节点的最短距离之和[44]。

- 约旦中心性(JC)：约旦中心是将与他人的最大距离最小化的节点。JC 选择约旦中心作为来源[24]。

- 谣言中心性(RC)：谣言中心是指谣言中心性最大的节点，被选为源。RC 定义为从一个节点开始允许排列的数目。

- 反向感染(RI)：RI 是一种在一般图中寻找基于样本路径的估计器的低复杂度算法。它允许每个受感染的节点向其邻居广播一条包含其身份的消息。每个节点在接收到来自其邻居的消息后，将记录到达时间并重复上述过程。选择到达时间总和最小的节点作为信息源[56]。

- 动态消息传递(DMP)：该算法使用 DMP 方程，通过给定网络拓扑和某些节点在特定时间的快照来估计源。它使用一种类似平均场的近似方法来计算观察到的快照的概率，作为边际概率的乘积，并选择概率最大的节点作为信息源[29]。

- 动态重要性(DI)：DI 选择一个受感染的节点——该节点在从网络中
  移除后具有相邻矩阵的最大特征值的最大缩减——作为信息源[16]。
- 贪婪搜索边界近似(GSBA)：GSBA 是一个近似的最大后验概率估
  计量。它利用贪婪搜索策略来寻找允许排列可能性的替代上界[10]。
  在本章中，我们选择谣言中心性作为其先验知识。
- 基于节点年龄(EPA)：EPA 通过考虑受感染和未受感染邻居的显著
  性来计算受感染节点的年龄。选择最老的节点作为信息源[1]。

我们在小规模扩散子图上重复 1000 次独立实验，以获得有统计学意义
的结果。而对于大规模的扩散子图，一些算法(如 DMP)过于耗时，因此我
们只重复 100 次独立实验。对于 MCGNN，我们针对每个网络生成 1000
个扩散子图，然后使用 10 折交叉验证。最后，计算所有试验的平均结果。

为了定量评估本章提出的方法，我们使用以下 3 个广泛采用的性能指标。

- 精度(Prec.)：精度表示在重复实验中正确检测信息源的次数比例。
  它被定义为：

$$P = \frac{Q_{\mathrm{T}}}{Q} \tag{1.19}$$

其中，Q_{T} 是信息源正确定位的检测实验数。

- 误差距离(ED)：误差距离是所有试验中地面实况 s 和估计源 s^* 之间
  的最短拓扑距离。形式上，ED 被定义为：

$$\mathrm{ED} = \mathrm{dis}(s, s^*) \tag{1.20}$$

其中，$\mathrm{dis}(s, s^*)$ 是每个检测实验中实际源 s 和估计源 s^* 之间的距离。

- 标准化排名(NR)：对于每种方法，我们将每个感染节点的概率或
  中心性值作为源按降序排序，然后对真实源进行归一化排序。NR
  定义为：

$$\mathrm{NR} = \frac{R(s^*) - 1}{N_{\mathrm{I}}} \tag{1.21}$$

其中，N_{I} 是扩散子图的大小，$R(s^*)$ 表示基本事实的排名 s^*。显然，较
小的 NR 意味着估计结果更好。

1.5.3　合成网络的结果

在本小节中，我们将 MCGNN 方法与其他基线方法(即 DC、JC、RC、RI、DMP、DI、GSBA、EPA 和 GCN)进行比较。在这些基线方法中，DC、JC、RC、RI、DI、EPA、GCN 是基于扩散子图的拓扑特征设计的，而 DMP 和 GSBA 是基于概率似然估计的，这需要先验知识，即预先知道每条边上的传播概率。接下来，将分别在 BA 无标度网络、ER 随机网络和 4-规则网络上评估每个基线和我们的方法的源检测性能。对于每种类型的网络，我们都在异构 SI 模型下生成的小扩散子图和大扩散子图进行了实验。

首先，我们对尺寸为 20～60、间隔为 5 的小扩散子图进行实验。图 1.6 显示了所有 3 个合成网络的精度、误差距离和标准化排名。总的来说，在大多数情况下，我们的方法在所有 3 个指标下都能获得更好的性能。

如图 1.6(a)～图 1.6(c)所示，我们发现，对于 BA 无标度网络，DI 和 RI 算法的性能较差，例如，平均精度均在 20%以下。基于概率似然估计的方法(GSBA 和 DMP)由于具有先验知识而表现得更好。其他方法，如 DC、JC、RC 和 EPA，根据拓扑结构估计源，可达到 40%的精度，比 GSBA 和 DMP 差。原因很明显，例如，BA 无标度网络中，如果信息源节点的度非常小，则基于中心性的方法可能会失败。这意味着在异质网络中，基于单一拓扑测度估计源通常是不可靠的。我们的方法同时提取节点和连边特征，可以提高估计结果，并取得最好的效果。

ER 随机网络的结果如图 1.6(d)～图 1.6(f)所示，可以看到所有方法都可以获得良好的性能。例如，与无标度网络相比，每种方法的平均精度都有所提高。具体来说，MCGNN 的精度几乎达到 100%，见图 1.6(d)。此外，总体误差距离减小。即使对于性能最差的 DI，误差距离也低于 0.7，见图 1.6(e)，这表明估计源和实际源之间的最短路径长度小于 1。最后，标准化排名也显著下降。这里的关键点是，ER 随机网络可以被近似地视为正则树[56]，根据基于中心度和基于概率的方法具有较高的推理精度。

最后，我们在 4-规则网络上重复上述实验。如图 1.6(g)～图 1.6(i)所示，我们发现 MCGNN、GCN 和 EPA 算法在所有 3 个指标上都表现良好——

平均精度高，误差距离小，标准化排名在最上面，这意味着这些方法是相关的。而 DMP 表现异常，对应于标准化排名的高值。此外，DI、DC、JC 和 RC 的结果并不令人满意，见图 1.6(g) 和图 1.6(h)，因为对于每个节点具有相同度的 4-规则网络，仅提取单个拓扑性质的方法很难准确估计源。

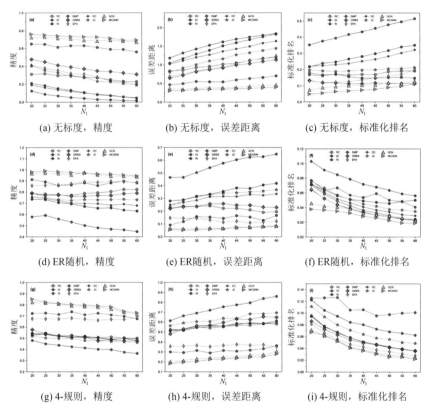

(a) 无标度，精度　　　(b) 无标度，误差距离　　　(c) 无标度，标准化排名

(d) ER 随机，精度　　　(e) ER 随机，误差距离　　　(f) ER 随机，标准化排名

(g) 4-规则，精度　　　(h) 4-规则，误差距离　　　(i) 4-规则，标准化排名

图 1.6　3 种度量下不同方法在合成网络上的性能，这里每种算法均测试 1000 次并取平均结果；合成网络包括 (a)~(c) BA 无标度网络、(d)~(f) ER 随机网络和 (g)~(i) 4-规则网络

接下来，我们还对至少有 400 个节点被感染的大型扩散子图进行了实验。在这里，我们考虑 3 个不同大小的子图，$N_I = \{400, 500, 600\}$。结果如表 1.3 所示，总的来说，我们的方法在大多数情况下在所有 3 个指标下都能获得更好的性能，尽管也有一些例外。例如，在 ER 随机网络中，RC 表

现出最佳的非规范化排名。此外，在 4-规则网络中，当扩散子图较大时，DMP 在精度和误差距离方面表现最佳。这些结果表明，结合底层网络的多个特征的方法可以更准确地检测源节点，但在大规模图上仍然是一项具有挑战性的任务。

表 1.3　3 种指标下综合网络的单源检测性能，粗体值代表最好的结果

	精度			误差距离			标准化排名		
	400	500	600	400	500	600	400	500	600
无标度									
DC	0.0	0.01	0.0	2.08	2.07	2.03	0.5536	0.5561	0.5445
JC	0.0	0.0	0.0	2.51	2.65	2.62	0.5318	0.4936	0.4487
RC	0.01	0.01	0.0	2.09	2.14	2.62	0.4852	0.4987	0.5106
DI	0.0	0.01	0.0	2.09	2.14	2.62	0.4852	0.4987	0.5106
RI	0.0	0.01	0.0	2.36	2.2	2.3	0.5592	0.5441	0.5272
DMP	0.39	0.25	0.18	1.22	1.84	1.87	0.2331	0.2693	0.3571
GSBA	0.0	0.0	0.0	2.84	2.86	2.9	0.6427	0.5974	0.6103
EPA	0.0	0.01	0.0	2.11	2.12	2.12	0.4949	0.5078	0.5149
GCN	0.41	0.33	0.29	1.02	1.57	1.78	0.1789	0.2219	0.2732
MCGNN	**0.45**	**0.37**	**0.31**	**0.89**	**0.89**	**1.60**	**0.1543**	**0.2071**	**0.2415**
ER 随机									
DC	0.16	0.13	0.02	1.31	1.62	1.75	0.0899	0.112	0.2317
JC	0.0	0.0	0.02	2.88	3.04	3.11	0.3134	0.3691	0.4355
RC	0.69	0.56	0.3	0.41	0.72	1.56	**0.0106**	0.0387	**0.0439**
DI	0.09	0.09	0.04	1.55	1.79	2.38	0.1093	0.1291	0.2462
RI	0.03	0.05	0.02	2.4	2.59	2.91	0.3236	0.4041	0.4441
DMP	0.62	0.4	0.35	0.73	1.06	1.02	0.1829	0.2141	0.203
GSBA	0.01	0.0	0.0	3.63	3.74	3.74	0.4888	0.5622	0.5628
EPA	0.5	0.37	0.11	0.81	1.2	2.04	0.0375	0.0631	0.1631
GCN	0.63	0.54	0.48	0.47	0.77	1.13	0.0128	0.0379	0.0512
MCGNN	**0.73**	**0.61**	**0.54**	**0.28**	**0.43**	**0.72**	0.0117	**0.0329**	0.0443

（续表）

	精度			误差距离			标准化排名		
	400	500	600	400	500	600	400	500	600
4-规则									
DC	0.31	0.23	0.2	1.09	1.4	1.75	0.0171	0.0198	0.0316
JC	0.07	0.06	0.04	2.74	3.57	4.23	0.074	0.118	0.158
RC	0.43	0.33	0.18	0.78	1.04	1.61	0.0107	0.0112	0.0238
DI	0.21	0.19	0.15	1.45	1.78	1.88	0.0214	0.0244	0.0288
RI	0.24	0.07	0.06	1.38	2.06	2.69	0.0244	0.0337	0.0801
DMP	0.42	0.43	**0.55**	0.72	0.75	**0.67**	0.01487	0.0199	0.0176
GSBA	0.0	0.0	0.0	6.01	5.9	5.88	0.5039	0.5258	0.4842
EPA	0.45	0.44	0.23	0.75	0.94	1.64	0.0097	0.0115	0.0188
GCN	0.51	0.47	0.41	0.59	0.71	0.87	0.0082	0.01375	0.01598
MCGNN	**0.67**	**0.53**	0.47	**0.43**	**0.62**	0.78	**0.0063**	**0.0097**	**0.0145**

注: 我们在大扩散子图上重复了 100 次独立实验，并报告了平均结果。

综上所述，我们的方法在 3 个合成网络上总是取得最佳性能，尤其是在精度和误差距离方面。这是因为 MCGNN 可以从不同的层次，即节点层和连边层提取特征。上述结果表明，我们的方法具有很大的优势，可以在不考虑传播概率的情况下推断源节点，并且在小扩散子图和大扩散子图上都有很好的性能。

1.5.4　现实世界网络的结果

接下来，我们将展示真实网络上的实验结果。与合成网络不同，真实网络上不同来源生成的扩散子图的结构可能会显著不同。这使得推断源节点更加困难，特别是对于只考虑一维特征的算法，例如 DC、JC、RC 等。而我们提出的 MCGNN 方法可以从不同的层次捕捉结构特征，并且可以显著提高检测精度。

第一，考虑小规模的扩散子图的情形。图 1.7(a)～图 1.7(c) 展示了 Email-univ 网络上的实验结果。我们发现，MCGNN 和 GCN 在精度和误差距离方面明显优于其他基线方法，见图 1.7(a) 和图 1.7(b)。类似的结果也可以在

Facebook 和 USPG 网络中发现。应该注意的是，这里观察到的现象相当复杂。首先，对于不同的现实网络，有时需要使用基于拓扑特征的概率似然估计方法表现更好(如 DMP、Email-univ 和 USPG 上的 GSBA)，有时基于拓扑特征的方法表现更好(如 Facebook 上的 EPA)。这意味着不可能通过跟踪单一特征来准确推断源的位置。第二，随着感染节点数量的增加，归一化排序的行为非常稳定，如图 1.7(c)、图 1.7(f)、图 1.7(i)所示，在这种情况下，我们提出的方法不能表现得最好。第三，在 Email-univ 和 Facebook 网络上，我们的方法可以达到70%的平均精度。然而，在 USPG 网络上，尽管我们的方法仍然表现最好，但总体平均精度仅为30%，如图 1.7(g)所示。这些结果表明，在实际网络中，源信号的检测是一项困难的任务，未来需要更稳健的估计算法。

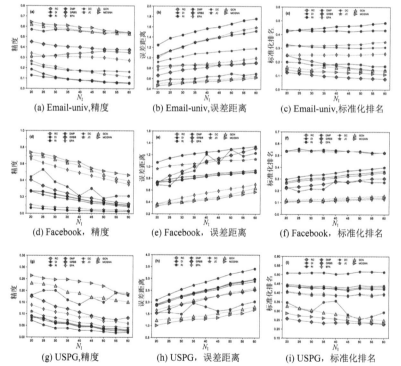

图 1.7 3 种指标下不同方法在真实网络中的性能，这里每种算法均测试 1000 次并取平均结
果；现实世界网络包括(a)～(c) Email-univ，(d)～(f) Facebook 和(g)～(i)美国电网

同样，我们对具有相同设置的大型扩散子图进行实验。表 1.4 报告了 3 个真实世界网络的结果。我们的方法仍然可以获得相对最优的结果。但是，可以看到性能低于合成网络，并且其他比较方法无法有效地检测到源节点。因此，在实际场景中提高大规模网络的检测精度仍然是一个很大的挑战。

表 1.4　3 种指标下真实网络的单源检测性能，粗体值代表最好的结果

	精度			误差距离			标准化排名		
	400	500	600	400	500	600	400	500	600
Email-univ									
DC	0.0	0.0	0.02	2.07	2.17	2.26	0.5187	0.5504	0.5787
JC	0.02	0.0	0.0	2.46	2.75	2.74	0.477	0.4947	0.5096
RC	0.13	0.08	0.04	1.63	1.9	2.1	**0.1464**	**0.2149**	**0.2661**
DI	0.0	0.0	0.0	2.39	2.53	2.57	0.5784	0.5942	0.6141
RI	0.01	0.01	0.0	2.85	2.91	2.88	0.515	0.5507	0.468
DMP	0.3	0.27	**0.29**	1.49	1.61	1.68	0.4245	0.3807	0.3343
GSBA	0.0	0.01	0.0	3.02	3.09	3.06	0.662	0.6724	0.6271
EPA	0.08	0.12	0.04	1.86	1.92	2.15	0.4048	0.4624	0.4895
GCN	0.42	0.34	0.24	0.83	0.93	1.21	0.2138	0.2712	0.3126
MCGNN	**0.43**	**0.36**	0.27	**0.76**	**0.89**	**1.07**	0.1531	0.2382	0.2835
Facebook									
DC	0.0	0.0	0.0	1.19	1.33	1.29	0.5388	0.5066	0.51
JC	0.0	0.0	0.0	1.36	1.33	1.29	0.4399	0.4558	0.4491
RC	0.0	0.0	0.0	1.23	1.31	1.27	0.4901	0.4588	0.4841
DI	0.0	0.0	0.0	1.17	**1.18**	**1.19**	0.5257	0.4579	0.455
RI	0.0	0.0	0.0	1.43	1.42	1.36	0.4779	0.5215	0.4836
DMP	0.17	0.07	0.08	1.33	1.62	1.71	0.3102	0.3385	0.5338
GSBA	0.01	0.0	0.0	2.19	2.11	2.36	0.5764	0.5338	0.4129
EPA	0.0	0.0	0.0	1.11	1.25	1.23	0.3865	0.4011	0.4129
GCN	0.16	0.12	0.09	0.92	1.23	1.57	0.2891	0.3327	0.3573
MCGNN	**0.21**	**0.15**	**0.11**	**0.87**	1.19	1.32	**0.2132**	**0.2934**	**0.3427**

(续表)

	精度			误差距离			标准化排名		
	400	500	600	400	500	600	400	500	600
美国电网									
DC	0.0	0.0	0.0	5.19	5.53	5.48	0.48	0.4712	0.4359
JC	0.0	0.0	0.0	5.85	5.72	5.77	0.4373	0.3927	0.4016
RC	0.0	0.0	0.0	5.91	6.25	6.12	0.4728	0.5106	0.4471
DI	0.0	0.0	0.0	6.99	7.07	7.55	0.524	0.502	0.5019
RI	0.0	0.0	0.01	5.41	5.81	5.51	0.4521	0.4673	0.3851
DMP	0.10	0.06	**0.07**	3.42	4.57	4.98	0.3146	0.3568	0.3971
GSBA	0.0	0.01	0.0	9.16	9.28	10.29	0.4838	0.4453	0.4948
EPA	0	0.01	0.0	4.91	5.06	5.17	0.4371	0.4234	**0.3807**
GCN	0.11	0.07	0.02	3.71	4.23	4.68	0.3218	0.3568	0.3913
MCGNN	**0.15**	**0.1**	0.05	**3.02**	**3.84**	**4.19**	**0.3014**	**0.3316**	0.3893

注：我们在大型扩散子图上重复 100 次独立实验，并报告了平均结果。

1.6　本章小结

在本章中，我们回顾了复杂网络上的单信息源检测问题，并设计了一个多通道图神经网络框架来解决这个问题。在合成网络和真实网络上的实验都证明了我们的方法的优越性，因为它可以从不同维度(即节点和连边通道)提取特征。

在未来的工作中，我们可以从以下 3 个方向改进我们的方法。第一，可以将该框架扩展到多源检测问题，以适应未知传播模型下更复杂的场景。第二，在现实中，我们通常缺乏传播路径的全局信息，因此可以利用更健壮的基于 GNN 的算法在有限的观测条件下推断单个或多个信息源。第三，可以使用真实的传播数据，而不是模拟数据，从而使我们的方法在实践中具备一定的应用性。

第 2 章

基于超子结构网络的
链路预测器

张剑，陈晋音，宣琦

摘要： 长期以来，链路预测一直是网络结构化数据分析的重点。虽然简单有效，但像共同邻居这样的启发式方法主要使用预定义的假设执行链路预测，并且只使用表面的结构特征。虽然人们普遍认为一个节点可以由一堆邻居节点来表征，但网络嵌入算法和新出现的图神经网络仍然利用整个网络的结构特征，这可能不可避免地带来噪声并限制这些方法的可扩展性。在本章中，我们提出了一个基于深度学习的端到端的链路预测框架，即超子结构增强链路预测器(Hyper-substructure Enhanced Link Predictor, HELP)。HELP 利用给定节点对邻域的局部拓扑结构，避免了无用的特征。为了进一步利用高阶结构信息，HELP 还从超子结构网络(Hyper-substructure Network, HSN)中学习特征。在 5 个基准数据集上进行的大量实验显示了 HELP 在链路预测方面的较强性能。

2.1　引言

作为具有代表性的网络分析任务，链路预测可以推断网络中给定节点对的链接状态。由于其实用性，链路预测已广泛应用于各个领域，例如电子商务平台上的商品推荐和在线社交网络中的朋友推荐。在生物网络的研究中，例如蛋白质-蛋白质相互作用(Protein-Protein Interaction, PPI)网络，由于有无数的候选者，因此通过实验找到蛋白质之间潜在的相互作用的代价将是昂贵的。链路预测提供了最可能存在连边的交互列表，这可以有效地降低经济和时间成本。

有很多工作专注于链路预测。启发式链路预测方法使用局部或全局相似性分数进行预测[17]，例如共同邻居(Common Neighbor, CN)、资源分配(Resource Allocate, RA)指数和 Katz 指数。例如，在微博这样的 OSN 中，候选好友会根据与其他用户的共同好友进行推荐。虽然简单而有效，但启发式方法的预定义假设有时可能会失败。例如，研究人员假设拥有更多共同朋友的用户更有可能在社交网络中建立友谊。然而，当涉及 PPI 网络时，这个假设就失败了。已经证明，共享更多共同邻居的蛋白质具有更少的相互作用[15]。启发式方法仅学习表面的结构特征，但无法表征网络的复杂性。后来开发的网络嵌入算法，如 DeepWalk[21]和 Node2Vec[7]，专注于随机游走或其变体生成的序列中节点的上下文。然而，基于随机游走的算法需要在整个网络上学习嵌入，这限制了大规模网络的可扩展性，即使是并行计算也是如此。除了需要大量预定义参数外，新兴的图神经网络(Graph Neural Networks, GNNs)逐渐超过了它们。以图卷积网络(GCN)[14]为代表，新开发的 GNNs 在很多任务上都表现出了强大的实力。尽管性能很好，但大多数 GNN 会在整个网络上进行推理，这会导致计算复杂度高，并且可能会带来噪声，因为并非所有节点都对下游任务有用。尽管图注意力网络(GAT)[27]和 GraphSAGE[8]尝试在节点邻域上学习嵌入，但它们仍然专注于表面特征。SEAL[32]也是如此。在社交网络中，出于某些目的，少数人会组成一个群体。而像成对编程这样的类似案例在开源软件开发中也很常见。组之间的相互作用可以表征网络的高阶结构特征。然而，很少有现有的方法关注这些高阶结构特征信息。

为了解决现有算法的局限性，我们提出了一种端到端的深度学习框架，即超子结构增强链路预测器(HELP)，用于链路预测。部分工作已发表在[34]中。将链路预测问题转换为图分类，HELP 根据其邻域而不是整个网络推断给定节点对的链路状态。个性化 PageRank(Personalized PageRank, PPR)[3]选择的邻域由最接近给定节点的节点组成，避免了无用的结构特征。邻域学习使 HELP 能够扩展到大规模网络，并构建表征节点在网络中的相对位置的节点特征向量以提高精度。为了利用高阶拓扑结构，由子图的子结构构建的网络，即超子结构网络(HSN)，也用于链路预测。我们在本文中使用二阶 HSN 来验证其优势。获得的网络最终被送入 GNN 模型进行预测。

论文的主要贡献总结如下：

- 我们提出了一个端到端的深度学习框架，即超子结构增强链路预测器(HELP)，用于链路预测。大量的实验证明了其卓越的性能。
- 我们将链路预测问题转换为图分类，并基于子图而不是整个网络推断链接状态，扩展了 HELP 的可扩展性。
- 我们创造性地将 HSN 引入链路预测中，以利用高阶结构信息，这为网络结构挖掘提供了新的视角。

2.2　现有的链路预测方法

2.2.1　启发式方法

启发式链路预测方法定义了表示节点对之间存在链接的可能性的相似性指数。索引可以是本地的或全局的。局部相似度指标使用局部结构(如一阶邻居)来衡量节点的相似度。在所有启发式方法中，共同邻居(CN)[19]是最简单的。CN 假设目标节点对 u 和 v 之间有更多共同的邻居，则更有可能形成连边，这被定义为：

$$s\underset{u,v}{\mathrm{CN}} = |\, \Gamma(u) \cap \Gamma(v)| \tag{2.1}$$

其中，$\Gamma(u)$ 和 $\Gamma(v)$ 分别表示 u 和 v 的一阶邻居。在社交网络中，度值较高的节点之间的共同邻居数量可能是度值较小的节点之间的数百倍。然而，我们不能因为它们有大量的邻居就证明高度值节点之间的链接概率更高。为了克服这一不足，Jaccard 指数[9]提出通过邻居总数对 CN 进行归一化，其定义为：

$$s_{u,v}^{\text{Jaccard}} = \frac{|\Gamma(u) \cap \Gamma(v)|}{|\Gamma(u) \cup \Gamma(v)|} \tag{2.2}$$

从另一个角度看，Salton 指数[23]将 CN 除以 u 和 v 的度数乘积的平方根。它的定义如下：

$$s_{u,v}^{\text{Salton}} = \frac{|\Gamma(u) \cap \Gamma(v)|}{\sqrt{k_u \times k_v}} \tag{2.3}$$

其中，k_u 表示 u 的度值。Jaccard 指数和 Salton 指数都是从 CN 发展而来的。许多其他方法，例如 Hub 提升指数(HPI)[22]和 Hub 抑制指数(HDI)，也与 CN 相关，但使用不同的归一化方法。受网络上资源分配动态的启发，资源分配(RA)指数[35]将邻居视为发送器，将一些资源从 u 发送到 v。其定义由下式给出：

$$s_{u,v}^{\text{RA}} = \sum_{z \in \Gamma(u) \cap \Gamma v} \frac{1}{k_z} \tag{2.4}$$

局部相似性指数通过局部结构表征节点之间的接近程度，而大多数全局相似性指数与网络路径相关联。Katz 指数[11]集合了 u 和 v 之间的所有路径。Katz 指数的数学表达式为：

$$s_{u,v}^{\text{katz}} = \sum_{l=1}^{\inf} \beta^l \,|\, \text{paths}_{u,v}^{\langle l \rangle} | = \beta A_{u,v} + \beta^2 A_{u,v}^2 + \cdots \tag{2.5}$$

其中，路径 $\text{paths}_{u,v}^{\langle l \rangle}$ 表示长度为 l 的 u 和 v 之间的所有路径，β 是不同长度路径的阻尼权重。A 表示网络的邻接矩阵。还有许多其他的基于路径的相似性指数，如 Leicht-Holme-Newman 指数(LHN2)[16]和 SimRank[10]，它们在一些特定的场景下已经被证明是有效的。PageRank[4]作为基于路径的方法的代表，在网络搜索引擎中得到了广泛的应用。它被定义为：

$$\text{PR}(u) = c \sum_{v \in B_u} \frac{\text{PR}}{L(v)} + \frac{1-c}{N} \tag{2.6}$$

其中，B_u 表示指向 u 的节点，$L(v)$ 表示 v 指向的节点数，N 表示节点数。$PR(u)$ 定义了 u 的影响，并且还给出了 u 是否与其他节点形成链路的概率。启发式链路预测方法虽然简单有效，但由于不能充分利用复杂的网络结构，在某些网络中可能会失效。

2.2.2　基于嵌入的方法

为了学习复杂的网络结构特征，DeepWalk[21]创造性地将 Word2Vec[18] 引入将随机游走序列映射到向量的网络表示中。该算法首先对一定数量的节点序列进行采样，从不同的节点开始随机游动，然后使用跳跃文法将每个节点嵌入向量空间中。Node2Vec[7]通过结合深度优先搜索(DFS)和广度优先搜索(BFS)来学习局部和全局结构特征，从而扩展了 DeepWalk。如图 2.1 所示，游走序列从 u 开始，DFS 或 BFS 的偏好由两个参数 p 和 q 控制。显然，当 $p = q = 1$ 时，Node2Vec 将退化为 DeepWalk。

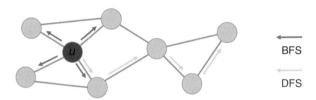

图 2.1　Node2Vec 的游走策略

DeepWalk 和 Node2Vec 是从随机游走发展而来的两个典型示例。后来开发的基于随机游走的方法，如 metapath2vec[6]和 netwalk[31]，都是为异构网络或动态网络设计的。上述方法将节点从非欧几里得空间映射到向量空间。为了执行链路预测，应该将节点嵌入转换为链接表示。表 2.1 给出了将节点嵌入转移到链路向量的 4 个常见运算符。研究人员还可以定义其他运算符，例如串联，以满足他们自己的需求。在获得链路向量后，可以应用逻辑回归和支持向量机(SVM)等机器学习算法来解决链路预测问题。

表 2.1 用于特征变换的二元算子

算子	符号	定义
平均	$\boxplus$	$[f(u) \boxplus f(v)]_i = \frac{f_i(u)+f_i(v)}{2}$
Hadamard	$\boxdot$	$[f(u) \boxdot f(v)]_i = f_i(u) * f_i(v)$
L1 加权	$\|\cdot\|_{\bar{1}}$	$\||f_i(u) \cdot f_i(v)\||_{\bar{1}i} = |f_i(u) - f_i(v)|$
L2 加权	$\|\cdot\|_{\bar{2}}$	$\||f_i(u) \cdot f_i(v)\||_{\bar{2}i} = |f_i(u) - f_i(v)|^2$

LINE[26]不是用随机游走产生的节点序列来描述网络结构，而是联合优化一阶和二阶邻近度来学习网络嵌入。邻近度被定义为：

$$O_1 = d(\hat{p}_1(\cdot, \cdot), p_1(\cdot, \cdot)),$$
$$O_2 = \sum_{v_i \in V} \lambda_i d(\hat{p}_1(\cdot, c\cdot), p_1(\cdot, c\cdot)) \tag{2.7}$$

式中，O_1 和 O_2 分别表示一阶和二阶近似度。式(2.7)中，$p_1(\cdot, \cdot)$表示潜在嵌入的联合分布，而$\hat{p}_1(\cdot, \cdot)$表示经验分布。$d(\cdot, \cdot)$是两个分布之间的距离。

2.2.3 基于深度学习的模型

为了自动获取结构特征，一系列图神经网络被提出。早期的方法主要使用多层感知器来构建用于网络嵌入学习的高斯网络。用于图形表示的深度神经网络(DNGR)[5]使用堆叠去噪自动编码器[28]通过多层感知器对 PPMI 矩阵进行编码和解码。同时，结构深度网络嵌入(SDNE)[29]使用堆叠式自动编码器来联合保持节点的一阶邻近性和二阶邻近性。Kipf 等[14]没有在空间域中处理网络，而是在傅里叶域内分析网络，提出用图卷积网络(GCN)解决节点分类问题。图自动编码器(GAE)[13]是 GCN 的一个扩展，它以端到端的方式进行预测。从空间的角度看，GCN 聚合了几个特定的节点来表示一个目标节点。将注意机制引入网络表征学习的 GraphSage[8]和 GAT[27]也遵循了这一思想，但解决问题的方式不同。在整个网络上学习会限制算法的可扩展性。扩散卷积神经网络(DCNN)[1]将图的卷积视为扩散过程。它假设信息以一定的转移概率从一个节点传递到其相邻节点之一，使信息分布在

7 轮后达到均衡。为了克服现有的缺点，SEAL[32]首先提取目标节点对的封闭子图，然后基于该图进行预测。为了用子图刻画节点间的相对位置和重要性，提出了双半径节点标注(Double-Radius Node Labeling， DRNL)方法，为每个节点分配一个标签，该标签以一个热点编码向量作为对应节点的特征。最终的链接预测结果由称为 DGCNN[33](见图 2.2)的图分类给出。

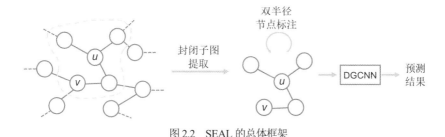

图 2.2　SEAL 的总体框架

2.3　模型介绍

启发式方法和基于随机游走的算法表明，节点的结构特征可以通过其邻域来表征。基于这种潜力，我们提出了一种基于超子结构网络的端到端链路预测模型，其有效性将在 2.4 节中得到验证。在这一部分中，首先对问题进行了详细的描述，然后从邻域归一化、HSN 构造和用于链路预测的图神经网络 3 个部分介绍了 HELP 模型。

2.3.1　问题表述

假设我们有一个图 $G = \langle V, E \rangle$，其中 $V = \{v_i \mid i = 0, 1, \cdots, N-1\}$ 表示 N 个节点的集合，$E \subseteq V \times V$ 表示边集合。给定一对节点 u 和 v，我们的目标是基于它们的邻域 $\Gamma(u, v)$ 来推断 u 和 v 之间的链接状态。u 和 v 的这些邻域由一个以(u, v)为中心的子图组成，然后构造了(u, v)的 HSN，因此就将链路预测问题转化为图分类问题。

2.3.2　邻域归一化

在执行链路预测之前，我们需要提取目标节点对(u, v)的 G 的子图。从网络拓扑的角度看，用一阶或二阶邻居表示节点对是一种直观的想法，因为这些节点离目标节点很近。但对于不同的节点，这类子图的大小是不同的，这给 HSN 的构建带来了困难。并不是所有的一阶或二阶邻居节点都能对链路预测做出贡献。与直接使用 u 和 v 的拓扑近邻不同，我们建议使用 PPR 来提取(u, v)的关键邻居节点。

尽管 GNNs 功能强大，但由于其计算复杂度高，研究人员可能很难将其应用于大规模网络。Bojchevski 等[3]提出可以采用 PPR 逼近 GCN，在不损失精度的情况下显著提高了模型的效率。在该模型中，PPR 给每个节点对分配从一个节点到另一个节点的概率。概率越高，两个节点越接近。同样，我们应用 PPR 获得离目标节点最近的邻居节点。PPR 的定义如下：

$$\Pi^{\mathrm{ppr}} = a(I_n - (1-a)D^{-1}A)^{-1} \tag{2.8}$$

其中，A 为 G 的邻接矩阵，D 为度矩阵，a 为重启概率。每一行 $\pi(i) = \Pi^{\mathrm{ppr}}_{(i)}$ 是节点 i 的 PPR 向量，元素 $\pi(i)_j$ 反映了节点 i 和 j 之间的近似性。之后，我们将 $\pi(i)$ 按照元素值降序排序，选择第一个 N_{nb} 节点构造子图，用 G(u, v)表示。对于具有相同 PPR 值的节点，我们对其进行随机选择，以确保邻居节点数目达到 N_{nb}。按照上述步骤，我们得到与节点 u 和节点 v 对应的 $\Gamma(u)$ 和 $\Gamma(v)$。图 2.3 给出了选取 $\Gamma(u)$ 的例子，其中 $N_{nb} = 4$。

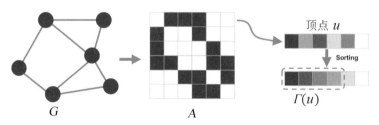

图 2.3　根据 PPR 选择邻居的一个示例

2.3.3　构建 HSN

在获得 $\Gamma(u)$ 和 $\Gamma(v)$ 之后，需要将它们转换成一个统一的子图来描述目标节点的结构特征(u, v)。首先，如果 $\Gamma(u)$ 中的节点本来就在 G 中连接着，则将其链接起来，从而构造出 G_u。可以用同样的方法得到 G_v。G_u 和 G_v 分别代表节点 u 和节点 v 的结构特征。为了表示节点 u 和 v 的近似度，还要把在 G 中已经连接的节点在 G_u 和 G_v 中也连接起来。如果 G_u 和 G_v 包含相同的节点，则认为它们是不同的节点，然后在 $G(u, v)$ 中连接它们。这个操作会导致 $G(u, v)$ 中产生额外链接，但 $G(u, v)$ 的大小始终保持不变。额外的链接越多，$\Gamma(u)$ 和 $\Gamma(v)$ 的连接越强，意味着 u 和 v 更有可能形成连接。同时，我们构造了一个特征矩阵 $G(u, v)$。对于 $G(u, v)$ 中的节点 i，特征向量定义为 $G(u, v)$ 上的单热编码 LSP(i, u) 与 LSP(i, v) 的串联，其中 LSP(i, u) 表示 $G(u, v)$ 上 i 到 u 之间的最短路径长度。这种节点特征的定义描述了邻居与(u, v)之间的相对位置，可以提高 HELP 的准确性。

这种节点特征的定义描述了邻居节点与(u, v)之间的相对位置，可以提高 HELP 的准确性。$G(u, v)$ 表示(u, v)的局部结构特征，但不描述网络中小团体之间的相互作用。为了利用高阶结构信息，我们提出 HSN 来表征 $G(u, v)$ 中各子结构之间的相互作用。第 K 阶 HSN 表示为 HSN$^{(K)}$，其构造步骤如下。

1. 节点分组

将 $G(u)$ 中的节点分组，并确保每个节点至少与任意节点分组一次。分组用 $p(u)=\{p_1^{(u)}, \cdots, p_M^{(u)}\}$ 表示，其中 $M = C_{N_{nb}}^K$，$p_i^{(u)}$ 由随机从 $G(u)$ 中选取的 K 个节点组成。同样，我们可以得到 $p^{(v)}$。如果每一组中的节点在 $G(u, v)$ 中，则它们都是连接的。

2. 节点组排序

将 $p^{(u)}$ 按照距离 d 的升序排序，定义为：

$$d\left(p_i^{(u)} \mid G(u,v)\right) = \sum_{j=0}^{K} \text{LSP}(p_i^{(u)}(j), v) \tag{2.9}$$

d 的定义是 $p_i^{(u)}$ 中的节点与 $G(u, v)$ 中的节点 v 之间的 LSP 的和。我们用同样的方法处理 $p^{(v)}$：

$$d\left(p_i^{(v)} \mid G(u,v)\right) = \sum_{j=0}^{K} \text{LSP}\left(p_i^{(v)}(j), u\right) \tag{2.10}$$

3. 节点组链接

我们将每个组看作 HSN 的一个节点。排序后，分别从 $p^{(u)}$ 和 $p^{(v)}$ 中选择第一个 N_H 组。给定 $p_i^{(u)}$ 和 $p_j^{(u)}$，如果满足 $\left|p_i^{(u)} \cap p_j^{(u)}\right| < \left|p_i^{(u)}\right| + \left|p_j^{(u)}\right|$，则它们之间存在一条连边；给定 $p_i^{(u)}$ 和 $p_i^{(v)}$，如果在 $G(u,v)$ 中至少存在一对节点 $\left(p_i^{(u)}(a),\, p_i^{(v)}(b)\right)$ 是连接的，则它们就是连接的。(a、b 为对应组中的任意节点索引)。

根据以上步骤，可以得到 $\text{HSN}^{(K)}$。我们也可以为 $\text{HSN}^{(K)}$ 中的节点构造节点特征，方法与在 $G(u, v)$ 中构造节点特征的方法一样。图 2.4 给出了 $N_{nb} = 5$，$K = 2$，$N_H = 2$ 时 $\text{HSN}_{u,v}^{(2)}$ 结构的例子。像(4，5)和(6，7)这样 d 值较小的组均用于 $\text{HSN}^{(2)}$ 的构建。这增强了 $G(u)$ 和 $G(v)$ 之间的相互作用。

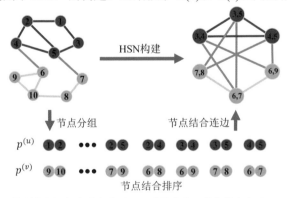

图2.4　$\text{HSN}_{u,v}^{(2)}$ 结构图。红色节点表示 $G(u)$ 中的节点，黄色节点表示 $G(v)$ 中的节点。蓝线表示 $G(u)$ 和 $G(v)$ 之间的相互作用

2.3.4　HELP

在得到 $G(u, v)$ 和 (u, v) 的 $\text{HSN}^{(K)}$ 后，我们使用端到端的深度学习框架 HELP 来推断 u 和 v 之间是否存在连边。

总体框架如图 2.5 所示。HELP 由多个单通道预测器组成，每个通道预测器处理一个 $\text{HSN}(G(u, v)$ 可视为 $\text{HSN}^{(0)})$。我们将图卷积网络(GCN)[14] 引入单通道预测器来学习节点嵌入。一层 GCN 定义如下：

$$\text{GCN}(A, X) = \sigma(\tilde{D}^{-\frac{1}{2}} \tilde{A} \tilde{D}^{-\frac{1}{2}} XW) \tag{2.11}$$

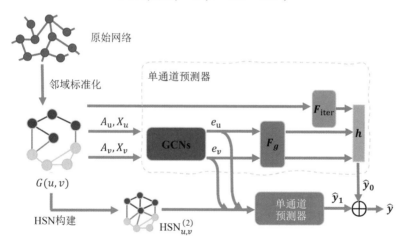

图 2.5　HELP 框架

其中，$\tilde{A} = A + I$ 和 $\tilde{D}$ 是归一化度矩阵。W 为权重矩阵，σ 为激活函数。这里，我们定义 $\sigma \equiv \text{ReLU}(\cdot) = \max(0, \cdot)$。单通道预测器单独处理 $G(u)$、$G(v)$ 以及它们之间的相互作用，而不是整体处理 $G(u, v)$。加入 GCN 后，单通道预测器如式(2.12)所示：

$$
\begin{aligned}
e_u &= \mathrm{GCN}s(\tilde{A}_u, X_u) \\
e_v &= \mathrm{GCN}s(\tilde{A}_v, X_v) \\
o^u &= \mathrm{FLATTEN}(e_u) \\
o^v &= \mathrm{FLATTEN}(e_v) \\
h_u &= F_g(e_u) \\
h_v &= F_g(e_v) \\
h_{u \times v} &= F_{\mathrm{iter}}(A_{u \times v}) \\
h &= \mathrm{CONCAT}(h_u, h_v, h_{u \times v}) \\
\tilde{y}0 &= \mathrm{softmax}(W_{out} h + b)
\end{aligned}
\tag{2.12}
$$

其中，$\tilde{A}_u$ 和 X_u 分别表示 $G(u)$ 的归一化邻接矩阵和特征矩阵。单通道预测器首先用两层 GCN 分别嵌入 $G(u)$ 和 $G(v)$ 中的节点，然后用多层感知机 F_g 对嵌入进行编码。e_u 和 e_v 分别表示 $G(u)$ 和 $G(v)$ 的节点嵌入。o^u 作为 e_u 的行串联，表示 $G(u)$ 的嵌入向量，o^v 也是如此。$A_{u \times v}$ 表示 $G(u)$ 和 $G(v)$ 之间的相互作用，用 F_{iter} 编码。利用 softmax 分类器给出了预测结果 $\hat{y}_0$。为了整合高阶结构特征，我们还利用单通道预测器对 $\mathrm{HSN}_{u,v}^{(2)}$ 进行预测，得到相应的预测结果 $\hat{y}_1$。最终结果 $\hat{y}$ 的计算如下：

$$
\hat{y} = \frac{1}{2}(\hat{y}_0 + \hat{y}_1)
\tag{2.13}
$$

值得注意的是，在基于 $\mathrm{HSN}_{u,v}^{(2)}$ 进行推理时，我们使用了基于 $G(u, v)$ 生成的 e_u 和 e_v 的串接特征。该框架可以很容易地用高阶 HSN 进行扩展。

然后使用 Adam[12] 对模型进行优化。目标函数 L_{total} 主要包含交叉熵误差 L_c 和嵌入相似度误差 L_s 两部分。L_c 的最小化直接保证了模型的链路预测性能。如果 u 和 v 之间存在一条连边，就可以通过最小化 KL 散度来度量 o^u 和 o^v 的相似度，这种方式可以缩短连通节点的特征距离。L_{total} 由以上两部分组成，定义如下：

$$L_c = -y \log \hat{y} + (1-y)\log(1-\hat{y})$$
$$L_s = \frac{1}{d}\sum_{i=0}^{d-1} y_i (o_i^u \log(o_i^u) - o_i^u \log(o_i^v)) \tag{2.14}$$
$$L_{\text{total}} = \gamma L_c + (1-\gamma)L_s + \beta L_{\text{reg}}$$

其中，γ 是平衡 L_c 和 L_s 的系数。L_{reg} 为 L_2 正则化项，β 为权值衰减系数。

2.4　实验分析

2.4.1　数据集

我们在 8 个基准数据集上比较了不同的链接预测算法。

- **C.elegans**[30]是一种模拟线虫神经相互作用的网络。节点代表神经元，链接代表代谢反应。原始网络是有向加权网络，但在实验中我们将其简化为无向无加权网络。
- **USAir**[2]是一个美国航空运输网络，其中节点表示机场，链接表示不同机场之间的航班。同时，我们将原始网络转移到一个无向和无权的网络上。
- **HP** 是一个模拟人类蛋白质之间相互作用的无向网络。
- **NetScience**[20]包含了网络科学领域科学家之间的合作。节点代表研究人员，链接代表共同作者。
- **Power**[30]是一个无向的电网网络，其中顶点表示发电机、变压器或变电站，边缘表示供电线路。
- **Router**[25]是一个路由器级的网络，节点是路由器，链路代表路由器之间的数据传输。
- **Cora** 和 **Citeseer**[24]是科学论文之间引文关系的网络建模。

在本章中，我们主要关注无方向和无权的网络，其基本统计信息如表 2.2 所示。

表2.2 数据集的基本统计数据

	C.elegans	USAir	HP	NetScience	Power	Router	Cora	Citeseer
N	297	332	1706	1461	4941	5022	3279	2708
$\|E\|$	2148	2126	3191	2754	6594	6258	4552	5278
$<k>$	14.46	12.81	3.72	3.75	2.67	2.49	2.78	3.90

$<k>$表示网络的平均节点度值。

2.4.2 链路预测方法的比较

我们将所提出的方法与启发式方法、基于随机游走的方法和基于深度学习的方法的 5 种基线进行了比较。

- **启发式方法**：RA、Jaccard 指数和 PR。在 2.2 节中介绍了这 3 个相似度指标的定义。
- **基于嵌入的方法**：Node2Vec 和 LINE。首先使用 Node2Vec 和 LINE捕获节点结构特征，然后通过表 2.1 提供的 Hadamard 算子生成链路特征。最后，应用逻辑回归模型进行预测。
- **基于深度学习的方法**：SEAL。为了确保公平的比较，在应用 SEAL时，我们只使用子图进行预测。

2.4.3 评价指标

我们采用 ROC 曲线下面积(AUC)和平均精度(AP)来评估不同链路预测方法的性能。这两个指标的定义如下。

- **AUC**——AUC 可以被认为是随机选择的节点对在原始网络中形成链接时被分配较高分数的概率。其定义如下：

$$AUC = \frac{n' + 0.5n''}{n} \tag{2.15}$$

其中，n'是属于存在链接的节点对获得较高分数的次数，n''是不形成链接的节点对的次数。n 是比较次数的总和。

- AP——AP 取每个阈值的精度的平均值，其定义如下：

$$AP = \sum_{t}(R_t - R_{t-1})P_t \tag{2.16}$$

其中，P_t 和 R_t 分别为阈值 t 处的准确率和召回率。

2.4.4 实验设置

在实验中，每个数据集以 4：1 的比例被分割成训练集和测试集。具体来说，我们选择 80% 的链接作为训练集的正样本，随机抽取相同数量的不存在的边作为负样本。剩余 20% 的链接为正面测试数据，相同数量的不存在链接为负面测试数据，并且将正面测试的连接从原始网络中移除。

对于基线，启发式方法不需要训练和预定义参数。因此，可以直接根据相似性指数进行预测。对于 Node2Vec 方式，将嵌入维数固定为 128，在 {0.50,0.75,1.00,1.25,1.50} 上进行网格搜索，得到最优关键参数 p 和 q。在获取每个节点的嵌入向量的基础上，使用 Hadamard 算子生成每个节点对的链接特征，然后利用 LR 模型进行预测。SEAL 使用自动子图选择，这意味着将自动选择 1-hop 或 2-hop 子图，以获得更好的性能。对于本文提出的模型 HELP，我们设置子图 $HSN^{(2)}$ 的结构为 $N_{nb}=N_H=35$。

2.4.5 链路预测结果

所有实验均进行了 10 次并记录了平均性能，以避免偶然性。如表 2.3 和表 2.4 所示，在大多数情况下，无论是考虑 AUC 还是 AP，HELP 的表现都优于其他基线，这说明了 HELP 的有效性和实用性。正如我们的预期，基于局部结构相似度的启发式方法不如其他方法，特别是在稀疏网络，如 NS、HP 和 Router 上。因为一阶和二阶邻居无法描述目标节点的结构特征，而局部结构能够描述稠密网络中节点的特征，使得 RA 和 Jaccard 在 C.elegans 和 USAir 上获得了较好的性能。基于子图的方法在链路预测方面表现出良好的性能。无论图是稀疏的还是密集的，SEAL 和 HELP 都优于其他方法。这是因为子图提取选择的邻域可以帮助链路预测和减少图中的噪声。此外，在 HSN 的帮助下，HELP 的表现略好于 SEAL。在像 Router 这样的稀疏网络上，HSN 可以保留更多的结构信息，从而使 HELP 优于 SEAL。值得注意的是，尽管 PR 是一种基于相似性的方法，但它在 5 个数据集上的链路预测能力优于 Node2Vec。一个可能的原因是 Node2Vec 需要一组预定义的参数，这可能会显著影响它的节点表示能力。随后的机器算法也可能是另一个因素。

表2.3 AUC 作为评价指标，不同链接预测方法的性能(最佳结果以粗体显示)

数据集	RA	Jaccard	PR	Node2Vec	LINE	SEAL	HELP
C.elegans	0.8484	0.7761	0.8517	0.8547	0.7920	0.8371	**0.8553**
USAir	0.9405	0.8923	0.9169	0.9094	0.8352	0.9473	**0.9482**
HP	0.9405	0.8923	0.9169	0.9094	0.8352	0.9473	**0.9482**
NS	0.9096	0.9110	0.9221	0.8776	0.9717	0.9844	**0.9912**
Power	0.5750	0.5749	0.5951	0.8007	0.6796	0.8603	**0.8838**
Router	0.5537	0.5528	0.6479	0.5705	0.8246	0.9121	**0.9423**
Cora	0.6993	0.7014	0.8049	0.9091	0.8098	0.9181	**0.9291**
Citeseer	0.6539	0.6530	0.7323	0.8797	0.8269	0.8754	**0.8802**

表2.4 AP 作为评价指标，不同链接预测方法的性能(最佳结果以粗体显示)

数据集	RA	Jaccard	PR	Node2Vec	LINE	SEAL	HELP
C.elegans	0.8437	0.7321	0.8453	0.8399	0.7602	0.8371	**0.8445**
USAir	**0.9468**	0.8670	0.9345	0.9000	0.8141	0.9450	0.9364
HP	0.5204	0.5128	0.7284	0.6501	0.7396	0.8962	**0.9060**
NS	0.9097	0.9109	0.9261	0.9286	0.9780	0.9851	**0.9927**
Power	0.5745	0.5744	0.7377	0.8453	0.7222	0.8603	**0.8855**
Router	0.5536	0.5465	0.7577	0.6114	0.8497	0.8956	**0.9416**
Cora	0.7005	0.6978	0.8638	0.9274	0.8452	0.9298	**0.9404**
Citeseer	0.6539	0.6525	0.7858	0.8842	0.8657	0.8874	**0.9093**

在机器学习中，研究人员会调查某一种方法在只有少量的训练数据的情况下是否仍然有用。有时它也被称为半监督学习。我们还想要比较不同

方法在不同训练样本量下的性能。图 2.6 显示了当测试链路的比率从 0.2
变化到 0.6 时，基线和 HELP 的性能。在大多数情况下，无论使用哪种方
法,链路预测性能都会随着训练数据的减少而下降。在像 C.elegans 和 USAir
这样的密集网络中，与其他方法相比，SEAL 和 HELP 的性能下降不是很
明显。平滑折线表明了两种基于子图的方法的鲁棒性。但在稀疏网络上，
几乎所有方法的 AUC 和 AP 都有显著下降。当训练数据量减少到60%时，
下降尤为明显。RA 和 Jaccard 在 HP 和 Router 上的性能较差，导致 AUC
和 AP 的下降不明显。有趣的是，当只有 50%的数据用于训练模型时，SEAL
的表现优于 HELP。

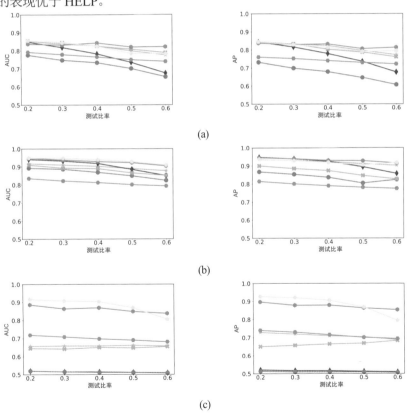

图 2.6　不同链路预测方法在 5 个基准数据集上的性能随训练样本数的变化而变化。

(a) C.elegans；(b) Usair；(c) HP；(d) NetScience；(e) Power；(f) Router；(g) Cora；(h) Citeseer

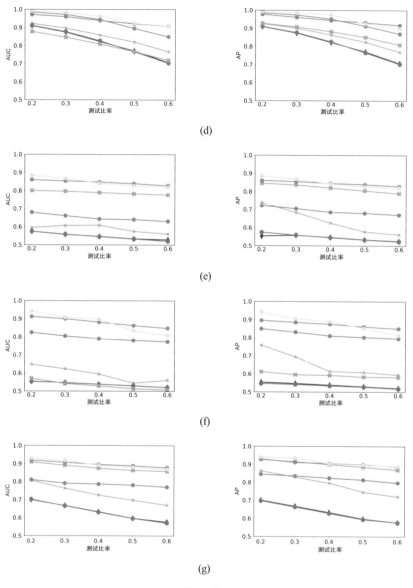

图 2.6(续)

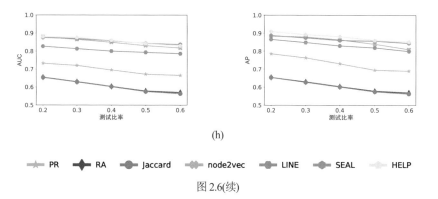

(h)

图 2.6(续)

2.4.6　参数的敏感性

　　与其他深度学习方法一样，HELP 的性能也受到很多因素的影响，如模型结构和 a。N_{nb} 是所有因素中最重要的，它决定了子图和 HSNs 的大小。HELP 需要多少邻居节点才能做出准确的链接预测？我们通过将 N_{nb} 从 15 变到 45 来研究这个问题。图 2.7 显示了随着 N_{nb} 的变化，HELP 的性能变化情况。在大多数情况下，当 N_{nb} 从 15 增加到 45 时，HELP 性能得到了提升。当 N_{nb}=15 时，HELP 的表现与 N_{nb}=45 时相当。这说明目标节点对当中只有部分邻居节点对链路预测有较大贡献。进一步增加邻居节点的数量可能没有那么大的帮助。例如，在 USAir 和 Router 中，当 N_{nb} 达到 35 时，HELP 的性能变得相对稳定。此外，随着 N_{nb} 的增加，性能可能会变得更差，这是因为在此过程中，子图引入了无用的节点。

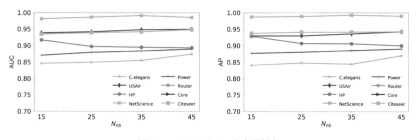

图 2.7　HELP 随 N_{nb} 改变的性能

2.5 本章小结

在本章中，我们提出了超子结构增强链接预测器(HELP)，它对给定节点对的邻域进行链路预测。在从超子结构网络(HSN)建模的子图及其高阶结构信息中学习这一方面，HELP 的性能优于其他先进的基线，这已被广泛的实验证明。我们还在第 8 章介绍的 Yelp 数据集上应用了 HELP 等链路预测方法。我们未来的研究将集中在优化邻域归一化和 HSN 构建过程，进一步压缩运行时间而不损失精度。

第3章

基于子图网络的宽度学习图分类方法

王金焕，陈鹏涛，谢昀苡，单雅璐，宣琦，陈关荣

摘要： 现实世界的许多系统都可以用网络表示，如生物网络、协作网络、软件网络、社交网络等，其中子图或模体被视为能够捕捉中观结构的具有特定功能的网络构建块。子图间的交互信息对于图在子图级上表示全局结构具有重要意义，但是当前的大多数研究都忽略了这些信息。因此，本章介绍子图网络(SubGraph Network, SGN)的概念，并将其应用到网络模型中，设计出一阶 SGN 和二阶 SGN 的构造算法，进一步延伸至高阶 SGN。这些子图网络能够扩展底层网络的结构特征空间，补充原始网络的结构特征，有利于网络分类。但是，SGN 模型缺乏多样性，时间复杂度高，很难广泛应用于实际场景中。为了克服以上问题，我们将采样策略引入 SGN 中，设计出一种具有尺度可控性和多样性的采样子图网络(Sampling SubGraph Network, S²GN)模型。此外，在图分类模型中引入宽度学习(BLS)能够充分获取来自不同采样策略的 S²GN 所提供的信息，从而更全面地捕获网络结构的各方面特征。大量实验表明，与 SGN 模型相比，S²GN 模型具有更低的时间复杂度，且与 BLS 相结合可以增强各种图分类方法。

3.1 介绍

研究大型网络的子结构是理解和分析网络的有效方法。子图作为一种子结构，已经有很多相关研究被发表。例如，Ugander 等[1]将子图频率视为社交网络的一种局部属性，并发现子图频率能对识别大型网络中的社会结构和图结构提供重要作用。除子图频率统计外，Benson 等[2]通过拉普拉斯矩阵分析方法提出了相应的嵌入表示。此外，Wang 等[3]设计了一种增量式子图连接特征选择算法，该算法迫使图分类器连接短模式子图，从而生成长模式子图特征。图的深度学习方法在许多网络分析任务中都取得了显著的性能，为了提高子图网络的性能，近些年出现了许多将深度学习与子图结合的研究。例如，Yang 等[4]提出一种结合模体和卷积神经网络的 NEST 方法。Alsentzer 等[5]引入一个 SUB-GNN，它通过将子图嵌入 GNN 中学习分解的子图表示，该方法在子图分类任务上取得巨大性能增益。

上述研究试图揭示子图级的应用范例，它们被认为是具有特定功能以捕获中观结构的网络构建块。但是，绝大多数研究都忽略了子图间的交互信息，这些信息能够用来表示子图级的全局结构，具有非常重要的价值。为了解决该问题，Xuan 等[6]提出一种构建不同阶次子图网络(SGN)的方法。该方法可捕获不同方面的结构特征，有利于后续的任务，如网络分类等。构建 SGN 的细节将在 3.3 节中讨论。理论上，SGN 从原始网络中提取具有代表性的部分网络，将其重组构建一个保留子图间关系信息的新网络。因此，它在保留局部结构信息的同时隐式保留了高阶结构。

值得注意的是，SGN 的网络结构可以对原始网络进行补充，并且 SGN 特性的整合将有利于后续设计和应用基于结构的算法。但是，该模型仍存在一些问题。一方面，由于构建 SGN 的规则是确定的，每个网络只能生成唯一的 SGN，多样性的缺乏将限制 SGN 扩展潜在结构空间的能力。另一方面，当子图数量超过网络节点数量时，生成的 SGN 可能比原始网络更大，使得处理高阶 SGN 时间冗长，阻碍 SGN 算法的进一步应用。为了解决上述问题，Wang 等采样策略与 SGN 相结合，提出采样子图网络(S^2GN)。网络采样通过引入随机性来增加多样性，同时控制 SGN 规模，为网络分析提供了有效的解决方案。

宽度学习(BLS)[7]是一种训练速度快且分类精度的高单层增量神经网络,它为深度结构的学习提供了一种替代方法。本章将采用 BLS 学习 S^2GN 所捕获的结构信息,从而提高图的分类性能。实验证明了该方法的有效性。本章的内容总结如下:

- 利用 SGN 和 S^2GN 扩展结构特征空间,为原始网络的分析提供更显著和潜在的特征信息,有利于提高相关算法性能。
- 采取不同的采样策略生成 S^2GNs,并首次采用宽度学习来学习这些 S^2GN 中提取的结构信息,增强了基于 Graph2Vec 和 CapsuleGNN 的各种图分类算法。
- 新模型在 3 个真实网络数据集上进行测试,实验结果表明,S^2GN 结合 BLS 能够显著提高算法效率。

本章的其余部分安排如下。3.2 节介绍了子图网络、网络表示和宽度学习的相关工作。3.3 节提出了子图网络的概念,并设计构建了一阶 SGN 和二阶 SGN 的算法。3.4 节制定了 3 种抽样策略,并给出 S^2GN 的构建方法。3.5 节提出使用 BLS 作为分类框架的分类器。3.6 节提出两种特征提取方法,通过结合 SGN 和 S^2GN,将它们应用到 3 个真实网络数据集的图分类任务中。3.7 节对 SGN 和 S^2GN 模型的计算复杂性进行分析和比较。最后,3.8 节对本章进行总结与展望。

3.2　相关工作

本节介绍了图挖掘和网络科学中关于子图网络和图表示方法的一些必要的背景信息,并对宽度学习的相关研究进行了简要概述。

3.2.1　子图网络

子图是复杂网络和图挖掘的关键组成部分,子图间的结构交互在网络分析中也发挥着重要作用。子图网络(SubGraph Network, SGN)[6]是第一个引入子图交互概念的模型,它可以捕获原始网络中潜在的高阶结构特征,但是其构造具有较高的时间复杂度。由于图挖掘中的网络采样能够生成节点序列用于后续网络表示[8,9,10]，并限制网络规模以简化图[11,12]，因此将采样策略与子图网络结合，能够实现更快的图算法。鉴于此，本章引入采样子图网络(Sampling SubGraph Network, S^2GN)作为子图网络的一种变体，通过结合不同的采样策略，提高 SGN 的多样性，降低其时间复杂度。通过利用 SGN 和 S^2GN 扩展结构空间，提高图的分类性能。

3.2.2　网络表示

近年来，网络表示受到了广泛的关注，它可以有效地存储和访问交互实例的相关知识。最简单的网络表示方法是根据某一典型拓扑度量计算图的属性[13]。早期的图嵌入方法受到了自然语言处理(NLP)的深刻影响，例如 Narayanan 等开发的图级嵌入算法 Subgraph2Vec[14]和 Graph2Vec[15]在图分类上取得了较好结果。图核方法[16,17]是捕获图间相似性的常用工具，其中核等价于相关特征空间中的内部乘积。虽然它们能很好地表示网络，但一般都具有较高的计算复杂度[13]，这使它不能处理大规模网络。图卷积网络不用加权就能对得到的信息进行处理，但是它将重要邻居和不重要邻居的信息都无偏差放入卷积层。图注意网络[18]在卷积层之前补充了一个自注意系数以克服图卷积网络的不足。基于新提出的胶囊网络架构，Zhang 等[19]设计了一个 CapsuleGNN 为每个图生成多个嵌入，从而同时获取与分类相关的信息和与图属性相关的潜在信息，实现较好的分类效果。

3.2.3　宽度学习

宽度学习(BLS)[7,20,21]是一种基于随机向量函数连接网络(Random Vector Functional-Link Neural Network, RVFLNN)的单层增量神经网络，它旨在提供一种可替代深度结构学习的方法。Chen 等[7]表示 BLS 在训练速度等方面优于现有的深层结构神经网络。实际上，与其他多层感知器(Multilayer Perceptron, MLP)训练方法相比，BLS 在分类精度和学习速度都有较好的表现。鉴于该优势，BLS 被广泛应用于各个领域。例如，Gao 等[22]

提出了一种应用于基于事件对象分类任务的增量 BLS，该方法证明对于异步的基于事件的数据添加特征节点和增强节点来增加宽度网络是有效的。Chen 等[23]设计了一种深度宽度学习用于交通流预测，该方法增加了交通流预测的精度，并保留较低的复杂度和较短的运行时间。到目前为止，BLS 在计算机视觉领域取得了广泛应用，但在图数据挖掘中应用较少。本章将 BLS 和 S²GN 结合用于网络分析任务，结果表明，BLS 在图分类上具有良好性能。

3.3　子图网络

本节首先回顾了子图网络 SGN 的概念，然后介绍了 1 阶子图网络 (SGN$^{(1)}$)和 2 阶子图网络(SGN$^{(2)}$)构造算法。SGN 将原始网络中的链路映射为节点，使得节点级网络转换为子图网络。

(定义 1)网络　定义 $G(V, E)$ 是一个无向网络，V 和 $E \subseteq (V, V)$ 分别表示网络中的节点和链路。其中，元素$(v_i, v_j) \in E$ 表示一个无序节点对 v_i 和 v_j，满足$(v_i, v_j) = (v_j, v_i)$, $i, j = 1, 2, 3, \cdots, N$, N 是网络中的节点数。

(定义 2)子图　对于网络 $G(V, E)$和子图 $g_i = (V_i, E_i)$，当且仅当 $V_i \subseteq V$ 和 $E_i \subseteq E$，认为 $g_i \subseteq G$。子图序列可表示为 $g = \{g_i \subseteq G \mid i = 1, 2, \ldots, n\}$, $n \leqslant N$。

(定义 3)子图网络　对于网络 $G(V, E)$，存在一个映射关系使输入网络 G 对应输出子图网络 $G^*(V^*, E^*)$，即 $G^* = f(G)$。其中，节点和链路表示为 $V^* = \{g_j \mid j = 0, 1, \ldots, n\}$ 和 $E^* \subseteq (V^*, V^*)$。如果两个子图 g_i 和 g_j 在原始图上共享部分节点或链路，即 $V_i \cap V_j \neq \varnothing$ 或 $E_i \cap E_j \neq \varnothing$，则两个子图连接。此外，元素$(g_i, g_j) \in E^*$ 是一个 g_i 和 g_j 的无序子图对，满足$(g_i, g_j) = (g_j, g_i)$, $i = 1, 2, \ldots, n \leqslant N$。

上述定义[6]证明 SGN 是由原始网络的高阶映射派生而产生的。Agarwal 等[24]探究了具有高阶关系域的图表示问题，他们用节点集构建 p-链，对应于点(0-链)、线(1-链)和三角形(2-链)等。类似的，Wang 等用子图网络构造 1 阶子图和 2 阶子图等。以下是构建 SGN 的 3 个步骤：第一步，从原始网络中提取子图。网络具有丰富的子图结构，其中一些结构常见于大多数网络中，如线和三角形(模体)[25]等。因此，我们选择连边和开三角作为子图结构。第二步，选择合适的子图块。子图过大会使 SGN 中包含极少的节点，降低后续分析的重要性。第三步，利用子图块构建 SGN。从原始网络中提取出足够多的子图后，根据定义的规则构建 SGN，使得子图块间建立连接。简言之，对于两个子图，如果它们共享原始网络中的部分节点或链路，则在它们之间产生一条连边。

本节选择最基本的子结构(即边和开三角)构造子图，因为它们简单且在大多数网络中较为常见。

3.3.1　一阶子图网络

一阶子图网络也称为线形图，记作 $SGN^{(1)}$。它将一条链路作为子图来构造子图网络[26]。其构造 $SGN^{(1)}$ 的过程如图 3.1 所示。在本实例中，原始图有 6 个节点，分别由 6 条链路连接。首先，提取图中的链路作为子图，并用其对应终端节点标记它们。然后，将这些原始图的链路当作 SGN 中的节点，根据标签中的重复信息将它们连接。换言之，如果原始图的两条链路共享同一节点，则对 SGN 中的两个对应节点进行连接，如图 3.1(b)所示。最后，获得 6 节点、9 链路的子图网络结构如图 3.1(c)所示。构造 $SGN^{(1)}$ 的伪代码在算法 1 中给出。算法的输入为原始网络 $G(V,E)$，输出为构造的 $SGN^{(1)}$，表示为 $G_1(V_1, E_1)$，其中 V_1 和 E_1 分别表示 $SGN^{(1)}$ 的节点集和链路集。

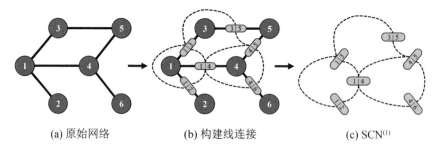

(a) 原始网络　　　　　(b) 构建线连接　　　　　(c) SCN$^{(1)}$

图 3.1　由原始网络构建 $SGN^{(1)}$ 的过程：(a)原始网络；
(b)提取原始网络链路构建新节点并对新节点进行连接；(c)SGN$^{(1)}$的结构

算法 3-1　构建一阶 SGN

　　输入：网络 $G(V, E)$，其中，V 为节点集，E 为链路集，满足 $E \subseteq (V \times V)$；

　　输出：一阶 SGN，表示为 $G_1(V_1, E_1)$；

1　初始化节点集 V_1 和链路集 E_1；
2　**for**　each node $u \in V$ **do**
3　　　获取节点 u 的邻居集 Γ；
4　　　**for** each node $v \in V$ **do**
5　　　　　临时链路 $L =$ 节点集的有序对 (u, v)；
6　　　　　将链路 L 视为一阶 SGN 中的新节点；
7　　　　　添加 L 到节点集 $\widehat{V}$；
8　　　**end**
9　　　**for**　$i, j \in \widehat{V}$ **and** $i \neq j$ **do**
10　　　　　添加 (i, j) 到链路集 E_1；
11　　　**end**
12　　　添加 $\widehat{V}$ 到节点集 V_1；
13　**end**
14　返回 $G_1(V_1, E_1)$；

3.3.2　二阶子图网络

　　与线相比，三角形结构能够提供更多关于网络局部结构的见解。例如，Schiöberg 等[27]研究了 Google+在线社交网络中的三角形演化，并在各种三角形的出现和修剪过程中获得了一些有价值的信息[27]。

　　因此，本章将鉴于 3 个节点间的连接模式来构建一个高阶子图。与两个节点相比，3 个节点之间的连接方式更加多样。为了处理的方便，我们只考虑连通子图，忽略了小于 2 个链路的子图。将开三角结构定义为一个子图，构建二阶 SGN，表示为 SGN$^{(2)}$。二阶意味着每个开三角中有两条链路，如果两个开三角共用一条链路，则两个开三角在 SGN$^{(2)}$中相连。与 SGN$^{(1)}$不同，SGN$^{(2)}$的连接判定规则是针对原始网络子图的共同链路，而非节点，这是因为每个节点对连接概率高的密集网络往往向局部结构提供较少的鉴别信息。

从 SGN$^{(1)}$到 SGN$^{(2)}$的构建过程如图 3.2 所示。我们在线形图 SGN$^{(1)}$的基础上进一步提取链路，得到开三角作为子图，并用对应的 3 个节点对其标注，最终获得 8 个节点和 15 条链路的 SGN$^{(2)}$。构造 SGN$^{(2)}$的伪代码在算法 3-2 中给出。算法的输入为原始网络 $G(V, E)$，输出为构造的 SGN$^{(2)}$，表示为 $G_2(V_2, E_2)$，其中 V_2 和 E_2 分别表示 SGN$^{(2)}$的节点集和链路集。

(a) SGN$^{(1)}$ (b) 提交SGN$^{(1)}$链路构建SGN$^{(2)}$ (c) SGN$^{(2)}$

图 3.2   由一阶子图网络构建 SGN$^{(2)}$的过程：(a)图 3.1 的 SGN$^{(1)}$；
(b)提取 SGN$^{(1)}$链路构建新节点并对新节点进行连接；(c) SGN$^{(2)}$的结构

算法 3-2   构建二阶 SGN

输入：网络 $G(V, E)$，其中，V 为节点集，E 为链路集，满足 $E \subseteq (V \times V)$；

输出：二阶 SGN，表示为 $G_2(V_2, E_2)$；

1   初始化节点集 V_2 和链路集 E_2；
2   **for** each node $u \in V$ **do**
3   获取节点 u 的邻居集r；
4   获取邻居集r中所有节点对的集合$\hat{r}$；
5   **for** each node $(v_1, v_2) \in \hat{r}$ **do**
6   临时链路 $L =$ 节点集的有序对(u, v_1, v_2)；
7   将链路 L 视为二阶 SGN 中的新节点；
8   添加 L 到节点集$\hat{v}$；
9   **end**
10   **for** $i, j \in \hat{v}$ **and** $i \neq j$ **do**
11   添加(i, j)到链路集 E_2；
12   **end**
13   添加$\hat{v}$到节点集 V_2；
14 **end**
15 返回 $G_2(V_2, E_2)$；

随着 SGN 逐渐映射到高阶网络中,可以获得更多、更丰富的特征信息。SGN$^{(1)}$揭示了原始网络各链路间的拓扑相互作用。Fu 等[28]采用 SGN 预测给定网络的链路权值。SGN$^{(2)}$是在 SGN$^{(1)}$的基础上进一步迭代映射得到的,它可以获取节点的二阶信息。高阶 SGN 将包含更多的隐藏信息,但这些隐藏信息可能在后续应用中发挥较小的作用。因此,本章的重点放在前两阶 SGN 上。

3.4　采样子图网络

通过进一步研究,在 SGN 算法中引入采样策略可以提高模型多样性,由此提出了一种 SGN 算法的变体——采样子图网络 S^{2}GN。本章将介绍几种采样策略,并讨论 S^{2}GN 的构造过程。

3.4.1　采样策略

网络采样在简化图的同时保留了图的重要结构信息,这在图数据挖掘中具有极其重要的意义。本文介绍了 3 种采样算法:偏置游走(Biased Walk)、生成树(Spanning Tree)和森林火灾(Forest Fire)。

- **偏置游走(BW)**　偏置游走采样是一种常见的抽样策略。本章采用 Node2Vec[29]的游走机制,它融合了深度优先搜索(DFS)和宽度优先搜索(BFS),能够保持节点的同质性和结构,如图 3.3(a)所示。其中,Node2Vec 的机制中定义了一个由参数 p 和 q 引导的二阶随机游走,如图 3.3(b)所示。对于计算节点 B 到节点 C 的转移概率,我们根据节点 B 前后游走进行判断,例如节点 B 的前一步是节点 A,根据节点 A 与节点 C 之间的最短距离定义其转移概率为式(3.1):

$$P_{(B,C)} = f_{pq}(A, C) = \begin{cases} \frac{1}{p}, d_{(A,C)} = 0 \\ 1, d_{(A,C)} = 1 \\ \frac{1}{q}, d_{(A,C)} = 2 \end{cases} \quad (3.1)$$

其中,$d(A, C)$表示节点 A 与 C 之间的最短距离,其值必须在 $\{0, 1, 2\}$

内。在算法 3-3 中给出了偏置游走的伪码。

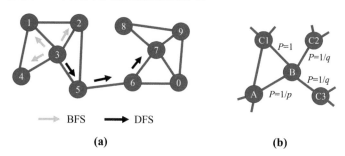

图 3.3 (a)节点 3 采用 BFS 和 DFS 融合的游走策略；(b)计算节点 B 下一步的图解

算法 3-3 偏置游走采样

输入：网络 $G(V, E)$，其中，V 为节点集，E 为链路集，满足 $E \subseteq (V \times V)$；
输出：子结构 $G_b(V_b, E_b)$；

1 初始化源节点 $V_0 \in V$，添加到 V_b；
2 V_0 添加到 V_v；
3 **while** walk length L **do**
4      $v = V_b[-1]$；
5      $V_v = \mathrm{GetNeighbors}(v, G)$；
6      $v_{\mathrm{next}} = \mathrm{AliasSample}(V_v, \pi)$；
7   添加 v_{next} 到节点集 V_b；
8   添加 (v, v_{next}) 到链路集 E_b；
9 **end**
10 返回 $G_b(V_b, E_b)$；

- **生成树(ST)** 生成树[30]被定义为连通树图 G 的子图，它用尽可能少的边数将所有节点连接在一起。由于实验所需的数据集都是未加权的网络，因此最大的生成树等价于最小的生成树。本章采用经典的 Kruskal 算法[31]构建生成树(如图 3.4 所示)，且链路的权值均设置为 1。

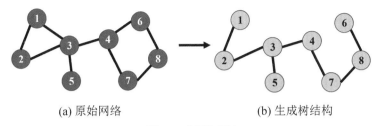

(a) 原始网络   (b) 生成树结构

图 3.4 获得生成树

Kruskal 算法是一种生成树的贪婪算法，它的过程如下：第一步，创建一组树 $\mathscr{F}$，图中的每个节点都属于一棵树。第二步，创建一组边 ε，包括图上的所有边。第三步，当 $\mathscr{F} \neq \varnothing, |\varepsilon| \neq 1$，从 ε 中选择任意一条边，如果该边连接两棵不同的树，则将其与两棵树结合为一棵新树，并将其添加至 $\mathscr{F}$ 中，否则丢弃这棵树。第四步，在迭代结束时，$\mathscr{F}$ 有一个最小生成树。

- **森林火灾(FF)** 2006 年，Leskovec 和 Faloutsos 首次提出森林火灾取样方法。本章介绍了一种具体的森林火灾采样算法，算法 3-4 给出了其伪代码。给定一个网络，随机选择一个节点 v_0 作为燃烧的源节点，根据平均 $p_f/(1-p_f)$ 的几何分布生成一个随机数 X。其中，参数 p_f 被称为正向燃烧概率[11](设置为 0.2)，随机数 X 小于节点 v_0 的邻居数。然后，对 v_0 邻居按度排序，选择前 X 个邻居，在 X 个邻居中寻找未被访问过(未点燃)的节点。为了避免重复操作，在森林火灾采样方法中，节点不能被访问两次。如果火熄灭了，重新启动随机选择一个节点。

算法 3-4 森林火灾采样

输入：网络 $G(V, E)$，其中 V 为节点集，E 为链路集，满足 $E \subseteq (V \times V)$；

       正向燃烧概率 p_f；

输出：子结构 $G_s(V_s, E_s)$；

1 初始化邻居列表 N 和临时变量 $G_s(V_s, E_s)$；

2 随机选择第一个节点 v_0；

3 按照平均 $p_f/(1-p_f)$ 的几何分布生成 X；

4 n 等于节点 v_0 的邻居数；

```
5   if X ≤ n then
6   │   N←对 v₀ 的邻居按度排序，选择前 X 个邻居;
7   end
8   for node T in N do
9   │   if T in Vₛ then
10  │   │   Continue;
11  │   else
12  │   │   添加 T 到节点集 Vₛ;
13  │   │   添加(T, v₀)到链路集 Eₛ;
14  │   │   森林火灾递归函数(G, pᵩ, T);
15  │   end
16  end
17  返回 Gₛ (Vₛ, Eₛ);
```

使用上述采样策略中的任意一种都可以将原始网络映射到许多子结构中。因此，网络采样可以提取网络更多的特征信息，也为下游算法提供良好的前提条件。

3.4.2　构建 S²GN

现实世界中的大多数网络都有复杂的结构，生成的 SGN 通常比原始网络规模更大、密度更大。这不仅会降低算法的效率，还会在结构中引入"噪声"，从而降低算法的准确性。鉴于此，需要对原 SGN 模型进行优化来构建 S²GN 模型。本章引入多重采样策略，将原始复杂网络过滤为子结构，从而建立新的子图网络。构造 S²GN 的伪代码在算法 3-5 中给出，其分为三部分：选择源节点、采样子结构和构建子图网络。具体步骤如下。

- **选择源节点**　选择源节点的方法有很多种：(1)随机选取一个节点作为源节点；(2)根据节点的重要性选择初始节点。在本章中，为了更好地捕捉网络的关键结构，我们采用第二种方法。
- **采样子结构**　在确定初始源节点后，通过执行某一采样策略来提取当前网络的主要上下文，获得子结构。根据不同的采样策略，可以生成不同的采样子结构，从而获得当前网络丰富的结构信息。
- **构建 S²GN** 以采样子结构为输入，构建子图网络。值得注意的是，采样和子图网络的构建是交互重复的，从而得到高阶 S²GN。换言之，每次将当前网络映射到一个子图网络，就进行采样操作，得到各种相对简单的采样子结构。

3.5　基于 S²GN 的 BLS 分类器

3.5.1　图分类

图分类是当前最重要的数据挖掘任务之一，已被广泛应用于生物化学领域，如蛋白质分类和分子毒性分类等。一般情况下，图分类任务的重点是将离散图转换为数字特征，然后使用一些机器学习算法进行有效分类。

对于来自图集 $\mathscr{G} = \{G_i\}$，$i = 1, 2, 3, ..., N$ 的图 $G=(V, E)$，节点集和边集分别表示为 $V=\{v_1, v_2, ..., v_n\}$ 和 $E=\{e_1, e_2, ..., e_n\} \subseteq (V \times V)$。每个图 G 都有一个对应标签 $y \in \mathscr{C}$，其中 $\mathscr{C} = \{1, 2, 3, ..., k\}$，表示包含 k 个不同标签的集合。图分类的目的是找到一个映射函数 $f: \mathscr{G} \to \mathscr{C}$ 去预测图集 $\mathscr{G}$ 中的每个图的标签。一般情况下，我们使用已知标签的训练集来训练模型，然后使用带有未知标签的测试集来评估模型性能。通过比较实际标签 y 和模型输出 $\hat{y}=f(G)$ 来获得分类模型的准确度。

到目前为止，研究者们已经提出了大量图分类方法，如嵌入方法 Graph2Vec 和深度学习方法 CapsuleGNN。本章将在 3.6.2 节中简要介绍这两种网络表示方法，并在 3 种数据集上进行了实验，以评估 SGN 和 S²GN 模型的性能。

3.5.2　BLS 分类器

宽度学习被提出作为深度学习网络的替代方法[7,20]，该算法将映射特征输入随机向量函数连接网络中。图 3.5 给出了 BLS 的具体说明，并将其作为网络的分类器。

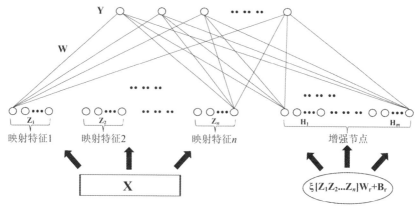

图 3.5 BLS 分类器的框架

算法 3-5 构造抽样子图网络

输入：网络 $G(V, E)$，其中 V 为节点集，E 为链路集，满足 $E \subseteq (V \times V)$；
SGN T 的顺序；采样策略 $f_s(\cdot)$；随机游走 L；

输出：采样子图网络 $G'(V', E')$；

1 初始化一个临时变量 $G' = G$；
2 **while** T **do**
3     $G' = \text{GetMaxSubstracture}(G')$；
4   源节点 $o = \text{NodeRanking}(V')$；
5   初始化采样 $v_i = o$，$W_v \leftarrow [o]$，$W_e \leftarrow \varnothing$；
6   **for** $i = 1$ to $L-1$ **do**
7   链路采样 $e_i = f_s(v_i)$；
8   更新当前节点 $v_i = \text{dst}(e_i)$；
9   添加 v_i 到 W_v、添加 e_i 到 W_e；
10   **end**
11     $V_s \leftarrow W_v$，$E_s \leftarrow W_e$；
12     $G_{\text{sgn}} = \text{SGN Algorithms}(G_s)$；
13     $G' \leftarrow \text{Relabel}(G_{\text{sgn}})$；
14     $T = T-1$；
15 **end**
16 返回 $G'(V', E')$；

在此过程中，我们将训练特征作为图输入变量 X，通过特征映射将 X 变换为 n 个随机的特征空间，如式(3.2)：

$$Z_i = \phi(XW_{zi} + \beta_{zi}), i = 1, 2, \ldots, n \tag{3.2}$$

其中，权值 W_{zi} 和偏差项 β_{zi} 是随机生成的，它们的维数合适。n 是映射特征的组数，$\phi(\cdot)$ 表示线性映射。

$Z^n = [Z_1, Z_2, \ldots, Z_n]$ 表示训练样本的特征空间，然后定义第 j 组增强节点为式(3.3)：

$$H_j = \xi(Z^n W_{r_j} + B_{r_j}), j = 1, 2, \ldots, m \tag{3.3}$$

其中，权值 W_{r_j} 为增强权值，B_{r_j} 为偏差项，$\xi(\cdot)$ 为非线性激活函数。

同样，$H^m = [H_1, H_2, \ldots, H_m]$ 表示增强层。由此，输出 $\hat{Y}$ 的公式如式(3.4)所示：

$$\hat{Y} = [Z^n, H^m]W = AW \tag{3.4}$$

其中，$A=[\,Z^n, H^m]$ 为结合了特征节点和增强节点的特征，W 为特征节点和增强节点连接到输出层的权值矩阵。W 应优化为：

$$\min w \, \|Y - AW\|_2^2 + \lambda \|W\|_2^2 \tag{3.5}$$

其中，λ 是正则化系数。然后，通过简单的等价变换[7]，最终得到如下公式：

$$W = (A^T A + \lambda I)^{-1} A^T Y \tag{3.6}$$

现在，我们得到了权重矩阵 W 的训练模型，并用数据集的剩余 λ 部分测试其性能。实际上，该模型中存在一些超参数，如特征节点数 n、增强节点数 m、正则化系数 λ 和 $\xi(\cdot)$ 的收缩系数 s。在实验中，设置正则化系数 λ 为 2^{-10} 和收缩系数 s 为 0.8。对于 MUTAG、PTC 和 PROTEINS，特征节点数分别设置为 50、80 和 100，增强节点分别设置为 40、60 和 80。对于不同的样本，最优参数均设置在上述参数附近。

3.5.3 分类框架

　　根据以上设置，结合 S^2GN 和 BLS 分类器，可以设计一个图分类框架，如图 3.6 所示。首先，按照 3.4.2 节的方法构造 3 个 S^2GN，即 $S^2GN^{(0)}$、$S^2GN^{(1)}$ 和 $S^2GN^{(2)}$。然后，将它们映射到不同的特征空间中，通过图像特征提取方法得到它们的特征表示。接着，利用能够合并向量 a 和 b 的公式 $[a\|b]$ 来融合 3 个特征表示，获得 $X = [X_0 \| X_1 \| X_2]$。其中，融合向量 X 可以作为 BLS 分类器的输入。该过程中采用相同的采样策略和特征提取方法进行分类。对于同一原始网络采用不同采样策略生成不同的 S^2GN，X 将包含丰富的不同方面的结构信息。因此，该框架将 S^2GN 和 BLS 结合，可以提高原有网络分类的性能。

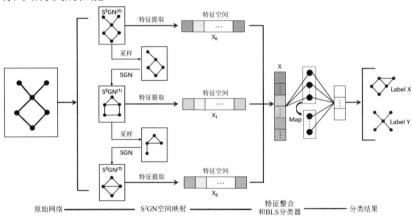

图 3.6　基于 BLS 的 S^2GN 图分类算法的总体框架

3.6　实验

3.6.1　数据集

　　3 个数据集 MUTAG、PTC 和 PROTEINS 将用于图分类实验，这些数据集的基本情况详见表 3.1。

- **MUTAG**[32]是关于硝基杂芳香族和致突变芳香族化合物的数据集，其中，节点表示原子，链路表示原子之间的化学键。数据集中的图标签是根据对特定细菌是否有诱变作用进行标记的。
- **PTC**[33]数据集中包含 344 个化合物图，其标签由化合物对大鼠的致癌性决定。
- **PROTEINS**[34]是包含了 1113 个蛋白质图结构的数据集。其中图上的节点表示为二级结构元素(SSE)，链路表示两个节点在氨基酸序列或空间上是相邻的。该图标签是根据这类分子是否为酶类进行标记的。

表 3.1　3 个数据集的基本信息

数据集	网络个数	类别数	正例数	负例数
MUTAG	188	2	125	63
PTC	344	2	152	192
PROTEINS	1113	2	663	450

3.6.2　网络表示

网络表示是一种将图映射为向量且保留尽可能多的拓扑特征的方法。本文采用两种网络表示方法提取图的特征，分别是图嵌入方法 Graph2Vec 和深度学习方法 CapsuleGNN。

- **Graph2Vec**：Graph2Vec 是第一个针对全局网络的无监督嵌入方法，它基于扩展的文字和文档嵌入技术在 NLP 中显现了巨大的优势。Graph2Vec 使用类似于 Doc2Vec 的模型建立网络和根子图之间的关系。它首先提取根子图，并提供相应的标签到词汇表中，然后训练一个 skipgram 模型以获得整个网络的表示。
- **CapsuleGNN**：该方法受 CapsNet[35]的启发，利用胶囊的概念克服了现有基于 GNN 的图表示算法的缺点。CapsuleGNN 以胶囊的形式提取节点特征，并使用路由机制在图级上捕获重要信息。该模型为每个图生成多个嵌入，以便从不同方面捕捉图的属性。

对于 Graph2Vec，它的嵌入维度采用如下[15]。Graph2Vec 算法基于 WL 核中所采用的根子图，其中 WL 核的参数高度设置为 3。由于 Graph2Vec 的嵌入维数对学习影响较大，通常设置为常用值 1024。其他参数设置为默认值，如学习率为 0.5，批处理大小为 512 以及迭代轮次设置为 1000。CapsuleGNN 使用默认参数，将每个图的多次嵌入平整作为输入。

3.6.3　基于 SGN 的图分类

正如 3.3 节所介绍，提出的 SGNs 还可以用于扩展结构特征空间。为了研究一阶和二阶子图网络($\text{SGN}^{(1)}$和 $\text{SGN}^{(2)}$)的性能，我们比较了不同网络数量的分类结果，如 $\text{SGN}^{(0)}$、$\text{SGN}^{(1)}$、$\text{SGN}^{(2)}$、$\text{SGN}^{(0,1)}$、$\text{SGN}^{(0,2)}$和$\text{SGN}^{(0,1,2)}$。在不失普遍性的前提下，选择了逻辑回归作为分类模型。同时，对于每一种特征提取方法，首先使用 SGN 扩展特征空间，然后将特征向量的维数降低至与后续实验使用主成分分析法从原始网络获取的特征向量维数相同的数值，便于进行比较。每个数据集都随机打乱，取其中的 0.9 作为训练集，0.1 作为测试集。最后，SGN 采用 F_1 - Score 作为评价分类效果的指标：

$$\mathscr{F} = \frac{2\mathscr{P}\mathscr{R}}{\mathscr{P}+\mathscr{R}} \tag{3.7}$$

增益通过式(3.7)计算可得。

$$\text{Gain} = \frac{\mathscr{F}^{(0,1,2)} - \mathscr{F}^{(0)}}{\mathscr{F}^{(0)}} \times 100\% \tag{3.8}$$

其中，$\mathscr{P}$和$\mathscr{R}$分别是精确度和召回率。为了排除交叉赋值的随机效应，重复实验 500 次，然后记录 F_1 - Score 的平均值及其标准差。Graph2Vec 和 CapsuleGNN 的实验结果分别见表 3.2 和表 3.3，其中粗体值表示最好结果。

根据表 3.2 和表 3.3 分析可得，原始网络似乎提供了更多的结构性信息。基于 $\text{SGN}^{(0)}$ 的分类模型性能比基于 $\text{SGN}^{(1)}$ 和 $\text{SGN}^{(2)}$ 的分类模型更好，F_1-Score 也更高。这是合理的，因为在构建 SGN 的过程中存在信息丢失。

更有趣的是,在大多数例子中,基于两个网络的分类模型 SGN$^{(0,1)}$和 SGN$^{(0,2)}$ 的性能优于基于单一网络的分类模型。这证明了 SGN 确实可以提供潜在的、重要的结构信息。此外,当考虑 3 个子图网络的分类模型 SGN$^{(0,1,2)}$ 时,可以获得最佳分类性能。

表 3.2 基于 Graph2Vec 方法下的不同 SGN 组合在 MUTAG/PTC/PROTEINS 上的分类效果

数据集	MUTAG	PTC	PROTEINS
原始网络	83.15 ± 9.25	60.17 ± 6.86	73.30 ± 2.05
SGN$^{(1)}$	63.16 ± 4.68	56.80 ± 5.39	60.27 ± 2.05
SGN$^{(2)}$	68.95 ± 8.47	57.35 ± 3.83	59.82 ± 4.11
SGN$^{(0,1)}$	83.42 ± 5.40	59.03 ± 3.36	74.12 ± 1.57
SGN$^{(0,2)}$	81.32 ± 3.80	61.76 ± 3.73	73.09 ± 1.28
SGN$^{(0,1,2)}$	**86.84 ± 5.70**	**63.24 ± 6.70**	**74.44 ± 3.09**
Gain	4.44%	5.10%	1.56%

表 3.3 基于 CapsuleGNN 方法下的不同 SGN 组合在 MUTAG/PTC/PROTEINS 上的分类效果

数据集	MUTAG	PTC	PROTEINS
原始网络	86.32 ± 7.52	62.06 ± 4.25	73.30 ± 2.05
SGN$^{(1)}$	83.68 ± 8.95	61.76 ± 5.00	74.64 ± 3.55
SGN$^{(2)}$	82.63 ± 7.08	58.82 ± 3.95	73.39 ± 6.03
SGN$^{(0,1)}$	87.37 ± 8.55	63.53 ± 4.40	76.25 ± 3.53
SGN$^{(0,2)}$	87.89 ± 5.29	62.20 ± 6.14	73.00 ± 3.17
SGN$^{(0,1,2)}$	**89.47 ± 7.44**	**64.12 ± 3.67**	**76.34 ± 4.13**
Gain	3.65%	2.19%	0.59%

3.6.4 基于 S^{2}GN 的图分类

在本实验中,我们随机选择每个数据集中 80%的图作为训练集,其余作为测试集。使用上述算法生成不同阶次的 S^{2}GN,然后采用 Graph2Vec 和 CapsuleGNN 方法分别学习 S^{2}GN 的特征表示。最后,应用 BLS 方法进行分类，计算 F_1-Score。为了避免采样的偶然性，每种采样策略均采用 10 次并取平均结果。基于 Graph2Vec 和 CapsuleGNN 的实验结果分别见表 3.4 和表 3.5，其中粗体值表示最好结果。

表 3.4 和表 3.5 分别展示了两种特征提取方法下不同采样策略对模型精确度的影响。研究表明，在相同的特征提取方法下，同一采样策略在不同的数据集中表现不同，这可能与数据集中特定的网络结构有关。具体来说，在两种特征表示方法下，数据集 MUTAG 采用偏置游走均取得最佳的分类效果。本节还将 3 种抽样方法的结果与原方法的结果进行了比较。结果表明，改进后的采样子图网络算法在保持原始精确度的基础上，甚至取得比原始算法最佳结果更好的效果。实验表明，该方法降低了各数据集精确度的方差。例如，在对 MUTAG 数据集进行 CapsuleGNN 特征提取的条件下，平均精确度最高约为 86.32%，方差为 0.0752。而使用 BLS-S^{2}GN 后，平均精确度最高可达 91.84%，方差减小至 0.0289。实例表明，该分类模型可以与不同的特征提取方法相结合，进一步提高分类的准确性和稳定性。

表 3.4　基于 Graph2Vec 方法下的 3 种采样策略在 MUTAG/PTC/PROTEINS 中的分类结果

数据集	MUTAG	PTC	PROTEINS
原始网络	83.15 ± 9.25	60.17 ± 6.86	73.30 ± 2.05
S^{2}GN-BW	**86.80 ± 5.02**	62.90 ± 2.19	75.44 ± 3.85
S^{2}GN-ST	82.03 ± 3.76	62.39 ± 6.36	74.33 ± 2.86
S^{2}GN-FF	83.33 ± 6.13	62.46 ± 5.17	73.77 ± 2.15
BLS-S^{2}GN	83.63 ± 6.84	**63.28 ± 6.06**	**94.92 ± 2.58**
Gain	0.58%	5.17%	2.21%

表 3.5　基于 CapsuleGNN 方法下的 3 种采样策略在 MUTAG/PTC/PROTEINS 中的分类结果

数据集	MUTAG	PTC	PROTEINS
原始网络	83.32 ± 7.52	62.06 ± 4.25	75.89 ± 3.51
S^{2}GN-BW	**91.84 ± 5.00**	66.06 ± 3.34	77.47 ± 2.35
S^{2}GN-ST	89.21 ± 5.05	63.50 ± 3.71	76.85 ± 2.54

(续表)

数据集	MUTAG	PTC	PROTEINS
S^{2}GN-FF	86.10 ± 5.32	65.77 ± 4.42	76.37 ± 1.90
BLS-S^{2}GN	91.63 ± 2.89	**66.10 ± 6.37**	**78.32 ± 2.94**
Gain	6.39%	6.50%	3.20%

3.6.5　计算复杂度

接下来,我们分析 SGN 构建过程中的计算复杂度。$|V|$ 和 $|E|$ 分别表示原始网络的节点数和链路数。网络的平均度的计算满足式(3.9):

$$K = \frac{1}{|V|} \sum_{i=1}^{|V|} k_i = \frac{2|E|}{|V|} \tag{3.9}$$

其中,k_i 表示节点 v_i 的度。基于算法 3-1,将原始网络变换为 SGN$^{(1)}$ 的时间复杂度为:

$$\mathscr{T}_1 = \mathscr{O}(K|V| + |E|^2) = \mathscr{O}(|E|^2 + |E|) = \mathscr{O}(|E|^2) \tag{3.10}$$

那么,SGN$^{(1)}$ 的节点数等于 $|E|$,链路数满足 $\sum_{i=1}^{|V|} k_i^2 - |E| \lesssim |E|^2 - |E|$ [26]。类似的,可以得到 SGN$^{(1)}$ 变换为 SGN$^{(2)}$ 的时间复杂度,满足式(3.11)。

$$\mathscr{T}_2 \leq \mathscr{O}((|E|^2 - |E|)^2) = \mathscr{O}(|E|^4) \tag{3.11}$$

同样,对于采样子图网络的复杂度计算,我们根据不同策略在 3 个数据集上生成 SGN 和 S^{2}GN 的平均计算时间来评估。结果如表 3.6 所示,对于每个数据集、每种采样策略,S^{2}GN 的计算时间总体上都要比 SGN 少得多,从几百秒减少到 4 秒以内。这些结果表明,与 SGN 相比,S^{2}GN 模型确实可以大大提高网络算法的效率。

表3.6 3个数据集、3种采样策略下的 SGN 和 S^{2}GN 的平均计算时间

平均计算时间(秒)	SGN	S^{2}GN		
		BW	ST	FF
MUTAG	1.58×10^2	0.252	0.090	0.382
PTC	1.93×10^3	0.804	0.607	0.985
PROTEINS	3.20×10^3	1.161	1.625	3.697

理论上说，S^{2}GN 模型的时间复杂度可以估计出来。对于偏置游走，我们仅考虑 Node2Vec 的二阶随机游走机制，它游走的每一步都是基于转移概率 a，该转移概率可以预先计算，因此使用混叠采样的每一步时间消耗为 $\mathcal{O}(1)$。用于生成生成树的 Kruskal 算法是一种贪心算法，其时间复杂度为 $\mathcal{O}(|E|\log(|E|))$。森林火灾是一种基于探索的方法，该方法与随机遍历方法的区别在于，当一个节点被访问时，它将不会被再次访问。已知 SGN$^{(1)}$的计算复杂度为 $\mathcal{O}(|E|^2)$，SGN$^{(2)}$的计算复杂度为 $\mathcal{O}(|E|^4)$。S^{2}GN 模型限制了网络规模的扩展，并将 SGN 的构建成本降低到固定的 $\mathcal{O}(|E|^2)$。因此，S^{2}GN 模型的时间计算复杂度可表示为：

$$\mathcal{T} \leq \mathcal{O}(|E|\log|E| + |E|^2) \tag{3.12}$$

结合不同的采样策略可以看出，S^{2}GN 的时间复杂度远低于 SGN。

3.7　总结与展望

本章回顾了子图网络和采样子图网络的理论，并将宽度学习引入图数据挖掘中。此外，还提出一种结合采样子图网络、特征表示和宽度学习的分类框架，以提高图分类任务的性能。SGN 和 S^{2}GN 可以生成不同的高阶图去捕捉原始网络的潜在结构信息，并扩展特征空间。在 3 个数据集上的实验表明，BLS 能够充分利用这些潜在特征，使得图分类性能取得显著提升。此外，S^{2}GN 具有更低的时间复杂度，相比 SGN 降低了近两个数量级。更重要的是，当它与 BLS 相结合后，其性能在图分类方向具有较大的竞争力。

第 *4* 章
子图增强及其在
图数据挖掘中的应用

周嘉俊，沈杰，单雅璐，宣琦，陈关荣

摘要：图分类(graph classification)旨在识别图的类别标签，在药物分类、毒性检测、蛋白质分析等方面发挥着重要的作用。然而，标准数据集规模的限制很容易导致图分类模型陷入过拟合和低泛化。本章将节点分类和链路预测等多种典型的图任务统一成图分类范式，并在图分类中引入了 M-Evolve 框架[1,2]，用于扩展图结构空间和优化图分类器。由于 M-Evolve 具有通用性和灵活性，可以很容易地与现有的图分类模型相结合，因此本章的主要贡献之一是将子图增强技术应用于多种图任务。我们进一步在真实数据集上进行了大量实验以说明该框架的有效性。

4.1 引言

图分类，或称网络分类，已经引起了生物[3]和化学[4]等相关的学术界和工业界的广泛关注。在生物信息学中，蛋白质或酶可以表示为有标签的图，其中，节点是原子，边表示连接原子的化学键。图分类的目标是根据这些分子图的化学性质(如致癌性、致突变性和毒性)对其进行分类。

然而，在生化信息学中，已知的标准图数据集的规模通常在数十到数千之间，这与现实社会网络数据集(如 COLLAB 和 IMDB)的规模相去甚远[5]。尽管图分类技术已经从图核、图嵌入发展到了图神经网络，取得了突破性的进展，但由于数据规模的限制，它们依旧很容易陷入过拟合和低泛化。其中，过拟合是指当模型学习具有高方差的函数来完美拟合有限数据时发生的建模错误。数据增强是解决过拟合问题的一个思路，它广泛应用于计算机视觉(CV)和自然语言处理(NLP)。数据增强包括一系列技术，这些技术可以提高训练数据的规模和质量，从而可以学习到泛化能力更强的模型。在 CV 中，图像增强方法包括几何变换、颜色深度调整、神经风格迁移和对抗训练等。然而与具有清晰栅格结构的图像数据不同，图具有不规则的拓扑结构，这使得一些基本的数据增强策略很难迁移到图数据上。

为了解决上述问题，我们采取了一种有效的方法研究图上的数据增强，并提出了一种子图增强方法，称为模体-相似性映射(Motif-Similarity Mapping)。其思想是通过对图结构的启发式修改，为小数据集生成更多的虚拟数据。由于该方法的图是人为生成的，故将其视为弱标注数据，它们的有效性有待验证。为此，我们引入了"标签可靠性"概念，它反映了样本与其标签之间的匹配程度，可以从生成的数据中过滤精细的生成样本。此外，我们还设计了一个名为M-Evolve[6,7]的模型演化框架，该框架通过子图增强、数据筛选和模型重训练3个步骤来优化图分类器。

我们进一步探讨了 M-Evolve 在其他图任务上的迁移性，如节点分类和链路预测。受最近图神经网络(GNNs)[8,9]工作的启发可知，GNNs 可以通过提取每个目标节点(链路)周围的局部子图，并通过学习将子图模式映射到节点标签(链路状态)的函数来实现节点分类(链路预测)。因此，我们将节点分类和链路预测统一为图分类，即通过局部子图分类实现节点分类(链路预测)，并进一步证明了 M-Evolve 在这些图任务上的有效性。

本章的其余部分内容如下：在 4.2 节中，简要回顾了图挖掘中图分类和数据增强的一些相关工作；在 4.3 节中，介绍了子图增强技术和 M-Evolve框架；在 4.4 节中，讨论了新框架在图分类、节点分类和链路预测中的应用；在 4.5 节中，进行了章节的总结。

4.2　相关工作

4.2.1　图分类

1. 图核方法

图核方法递归地将数据集中的成对图分解为一系列子结构,然后在这些子结构之间使用相似性函数来进行图的比较。直观地讲,图核可以理解为衡量成对图相似性的函数。通常,可以通过考虑多种结构属性来设计图核,如局部邻域结构的相似性(WL 核[10]、传播核[11])、特定的非同构图或子图的出现概率(graphlet 核[12])、共同游走的次数(随机游走核[13-16])以及最短路径的属性和长度(最短路径核[17])。

2. 嵌入方法

图嵌入方法[18-21]刻画图的拓扑特征,实现对整个图的向量化表示。对于图层面的预测,该方法可以和支持向量机(SVM)、k 邻近算法、随机森林等标准机器学习分类器相结合使用。常用的图嵌入方法包括 graph2vec[22]、structure2vec[23]和 subgraph2vec[24]等。

3. 深度学习方法

最近,人们越来越关注深度学习在图挖掘中的应用,并提出了多种图神经网络(GNN)框架用于图分类,包括卷积神经网络(CNN)和循环神经网络(RNN)等方法。一种典型的方法是聚合由 GNNs 输出的节点嵌入来获得整个图的表示[4,25]。一些序列方法[26-28]将它们转换为固定长度的向量序列,然后将其输入 RNN,从而处理具有不同大小的图。此外,也有通过将 GNNs 与一些层次聚类方法[29-31]相结合来学习图的层次化表示。值得注意的是,最近的一些工作设计了通用的图池化模块,用于学习图的层次化表示,并与各种 GNN 模型相兼容,例如 DiffPool[32]学习节点的可微软聚类分配,然后将它们逐层映射到粗化图中;EigenPool[33]通过图傅里叶变换将节点特征和局部结构压缩为粗化的信号。

4.2.2 图学习中的数据增强

数据增强旨在改善机器学习模型的泛化性，这在计算机视觉(CV)和自然语言处理(NLP)等领域已经得到了广泛研究。然而，由于图的复杂非欧结构，图上的数据增强研究仍处于起步阶段。Zhao 等[34]提出了一种名为 GAUG 的图数据增强框架，该框架通过边预测来提高基于 GNN 的节点分类性能。Wang 等[46]提出了一种节点并行增强(NodeAug)策略，通过改变节点属性和图结构来进行数据增强，以提高 GCN 在半监督节点分类上的性能。Spinelli 等[36]在 GINN[37]的基础上提出了一种数据增强策略，利用标签数据和无标签数据构建相似性图，然后通过图自动编码器来生成新的图。这些研究集中在半监督节点分类任务上。虽然本章将要介绍的工作在动机上和它们是相似的，但主要解决图分类任务中的数据增强问题。

4.3 图分类模型演化框架

4.3.1 问题表述

令 $G=(V,E)$ 表示一个无向无权图，它由一个节点集 $V=\{v_i \mid i=1,\ldots,n\}$ 和边集 $E=\{e_i \mid i=1,\ldots,m\}$ 组成。图 G 的拓扑结构由邻接矩阵 A 表示，其中，$A_{ij}=\begin{cases}1,(i,j)\subset E\\0,(i,j)\notin E\end{cases}$。图数据集可以表示为 $D=\{(G_i,y_i)\mid i=1,\ldots,t\}$，

其中，y_i 是图 G_i 的标签。对 D 进行数据划分得到训练集、验证集和测试集，分别表示为 D_{train}、D_{val} 和 D_{test}。原始分类器 C 将在 D_{train} 和 D_{val} 上进行预训练。

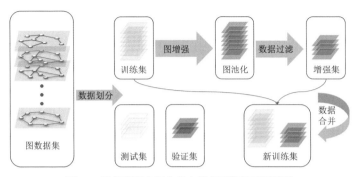

图 4.1 数据增强在图分类中的应用说明(子图增强)

本章节进一步探索图分类上的数据增强策略,并优化图分类器。图 4.1 展示了数据增强在图结构数据中的应用,它包括两个阶段:子图增强和数据筛选。具体来说,利用子图增强生成新的数据,然后通过标签可靠性对数据进行筛选,最后用筛选的数据更新图分类器。在子图增强过程中,目的是将图 $G \in D_{\text{train}}$ 映射为一个新的图 G',形式为:$f : (G, y) \mapsto (G', y)$。我们将生成的图视为弱标注数据,存于数据池 D_{pool},并通过从 D_{val} 学习的标签可靠性阈值 θ 进行筛选,将筛选得到的增强集 D'_{train} 与 D_{train} 合并,以生成新的训练集:

$$D_{\text{train}}^{\text{new}} = D_{\text{train}} + D'_{\text{train}}, \ D'_{\text{train}} \subset D_{\text{pool}} \tag{4.1}$$

最后,使用 $D_{\text{train}}^{\text{new}}$ 对分类器进行微调或重训练,并在测试集 D_{test} 上对其进行评估。

4.3.2 子图增强

子图增强旨在通过从样本数量有限的图数据集中人工创建更合理的虚拟数据来扩充训练数据。在本章中,增强过程被视为一种拓扑映射,它主要通过对图结构的启发式修改来实现。为了确保生成的虚拟数据的近似合理性,提出的子图增强方法将遵循两个原则:①通过对边进行修改来实现:G' 是一个部分修改的图,主要通过对 G 进行增删边来得到;②保留一定的结构属性,其中增强操作保持图的连通性和边的总数不变。在边增强过程中，图中删除的边从候选删边集合 E_{del}^c 采样，而添加到图中的边从候选增边集合 E_{add}^c 采样。候选集的构造因不同的方法而异，如下所述。

1. 随机映射

在这里，考虑随机映射作为一个简单的基准模型(baseline)。候选集的构造如下：

$$E_{\text{del}}^c = E, \quad E_{\text{add}}^c = \{(u_i, u_j) \mid A_{ij} = 0; \ i \neq j\} \tag{4.2}$$

在随机映射中，E_{del}^c 是图的边集，而 E_{add}^c 是由未连接的成对节点组成的虚拟边集。通过从候选集随机采样，可以获得添加或删除的边集：

$$\begin{aligned}
E_{\text{del}} &= \{e_i \mid i = 1, \ldots, \lceil m \cdot \beta \rceil\} \subset E_{\text{del}}^c \\
E_{\text{add}} &= \{e_i \mid i = 1, \ldots, \lceil m \cdot \beta \rceil\} \subset E_{\text{add}}^c
\end{aligned} \tag{4.3}$$

其中 β 是重连预算，$[x]=\text{ceil}(x)$。最后，基于随机映射生成的新图可以表示为：

$$G' = (V, (E \cup E_{\text{add}}) \setminus E_{\text{del}}) \tag{4.4}$$

2. 模体-相似性映射

图模体是在特定的图中或者在不同图中重复出现的子结构(或子图)。由节点之间特定交互模式定义的这些子结构通常可以实现特定功能。为了简单起见，本章只考虑具有链式结构的开放式三角模体。如图 4.2 的左图所示，开放式三角模体 $\wedge_{ij}^a$ 等同于从三角形的头节点 v_i 出发的长度为 2 的路径。

图 4.2　开放式三角模体和启发式边交换

模体-相似性映射旨在通过边交换将这些模体微调为近似等效的模体。在边交换过程中，增边操作在模体的头节点和尾节点之间生效，而删边操作通过加权随机采样移除模体中的一条边。对于所有拥有头节点 v_i 和尾节点 v_j 的开放式三角模体 $\wedge_{ij}$，头尾节点对的候选集可以表示为：

$$E_{\text{add}}^c = \{(v_i, v_j) \mid A_{ij} = 0, A_{ij}^2 \neq 0; i \neq j\} \tag{4.5}$$

然后，从 E_{add}^c 中通过加权随机采样得到 E_{add}，即添加到 G 中的边集。对于每个在 E_{add} 涉及头尾节点对 (v_i, v_j) 的 $\wedge_{ij}$，我们通过加权随机采样从其中移除一条边，所有移除的边构成 E_{del}。

针对 E_{add}^c 和 $\wedge_{ij}$ 中的边，采用与节点相似度分数相关的相对采样权重。具体而言，在采样之前，首先使用资源配置指标(RA)计算 E_{add}^c 中所有节点对的相似性分数。对于 E_{add}^c 中的每个节点对 (v_i, v_j)，RA 分数 s_{ij} 和增边权重 w_{ij}^{add} 计算如下：

$$
\begin{aligned}
S_{ij} &= \sum_{z \in \Gamma(i) \cap \Gamma(j)} \frac{1}{d_z} \\
S &= \{s_{ij} \mid \forall (v_i, v_j) \in E_{\text{add}}^c\} \\
w_{ij}^{\text{add}} &= \frac{s_{ij}}{\sum_{s \in S} s} \\
W_{\text{add}} &= \{w_{ij}^{\text{add}} \mid \forall (v_i, v_j) \in E_{\text{add}}^c\}
\end{aligned}
\tag{4.6}
$$

式中，$\Gamma(i)$ 表示节点 v_i 的一阶邻居集合，d_z 表示节点 z 的度。加权随机采样意味着 E_{add}^c 中的一个节点对被选中的概率与其增边权重 w_{ij}^{add} 成正比。同样，在边删除过程中，从 $\wedge_{ij}$ 与删边权重 w_{ij}^{del} 成正比，如下所示：

$$
\begin{aligned}
w_{ij}^{\text{del}} &= 1 - \frac{s_{ij}}{\sum_{s \in S} s} \\
W_{\text{del}} &= \{w_{ij}^{\text{del}} \mid \forall (v_i, v_j) \in \wedge_{ij}\}
\end{aligned}
\tag{4.7}
$$

这意味着 RA 分数越小的边越有可能被移除。值得注意的是，许多其他相似性指标，如共同邻居(CN)和 Katz[38]也可以应用到该方案中。最后，可通过等式(4.4)获得增强后的图。图 4.3 展示了利用模体-相似性映射进行子图增强的过程。

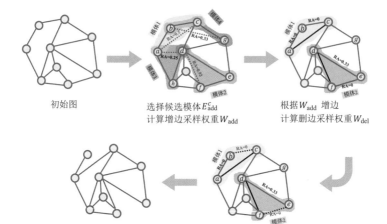

图 4.3　通过模体相似性映射增加子图的示例；红线是候选线，黑线是修改后的边

算法 4-1　模体相似性映射

输入：目标网络 G，模体长度 l，重连预算 β；

输出：增强后的新网络 G'；

1　通过式(4.5)得到 E_{add}^{c}；

2　通过式(4.6)计算增边采样权重 W_{add}；

3　$E_{\mathrm{add}} \leftarrow \mathrm{weightRandomSample}\left(E_{\mathrm{add}}^{c}, \lceil m \cdot \beta \rceil, W_{\mathrm{add}}\right)$；

4　初始化删边集合 $E_{\mathrm{del}}^{c} = \varnothing$；

5　**for** $(v_i, v_j) \in E_{\mathrm{add}}$ **do**

6　　　通过路径搜索：$h_{ij}^{l} \leftarrow \mathrm{pathSearch}(i, j, l)$，获得长度为 l 的模体 h_{ij}^{l}；

7　　　计算模体两条边的采样权重 W_{del}；

8　　　$e_{\mathrm{del}} \leftarrow \mathrm{weightRandomSample}(h_{ij}^{l}, 1, W_{\mathrm{del}})$；

9　　　将 e_{del} 加到 E_{add}^{c}；

10　**end**

11　通过式(4.4)获得增强后的新网络 G'；

12　**end**；

13　返回 G'

4.3.3　数据筛选

由于图结构数据的拓扑依赖性，通过子图增强生成的图可能会丢失一些原始语义。在子图增强期间将原始图的标签分配给生成的图，无法保证分配的标签是否可靠。因此，这里提出标签可靠性的概念来衡量样本与标签之间的匹配程度。

D_{val} 中的每个图 G_i 将被输入到分类器 C 中，以获得预测向量 $p_i \in \mathbb{R}^{|Y|}$，其用概率分布表示为输入样本属于每个类的概率，其中 $|Y|$ 是标签的数量。然后，构造概率混淆矩阵 $Q \in \mathbb{R}^{|Y| \times |Y|}$，其中的元素 $q_{i,j}$ 表示分类器将第 i 类的图归类为第 j 类的平均概率，计算如下：

$$
\begin{aligned}
q_k &= \frac{1}{\Omega_k} \sum_{y_i = k} p_i \\
Q &= \left[q_1, q_2, \ldots, q_{|Y|} \right]
\end{aligned}
\tag{4.8}
$$

其中，Ω_k 是 D_{val} 中属于第 k 类图的个数，q_k 是第 k 类的平均概率分布。样本 (G_i, y_i) 的标签可靠性定义为样本预测概率分布 p_i 和类别概率分布 q_{yi} 的内积，如下所示：

$$
r_i = p_i^{\top} q_{yi}
\tag{4.9}
$$

用于数据筛选的标签可信度阈值 θ 定义为

$$
\theta = \arg\min_{\theta} \sum_{(G_i, y_i) \in D_{\text{val}}} \Phi \left[(\theta - r_i) \cdot g(G_i, y_i) \right]
\tag{4.10}
$$

其中，$g(G_i, y_i) = \begin{cases} 1, C(G_i) = y_i \\ -1, \text{otherwise} \end{cases}$，$\Phi(x) = \begin{cases} 1, x > 0 \\ 0, x \leqslant 0 \end{cases}$。

4.3.4　模型演化框架

模型演化旨在通过子图增强、数据筛选和模型重训练来迭代优化分类器，并最终提高图分类的性能。图 4.4 和算法 4-2 分别展示了 M-Evolve 的工作流程和算法过程。在这里引入了一个变量，即迭代次数 T，用于不断重复上述演化过程以增强数据集、优化分类器。

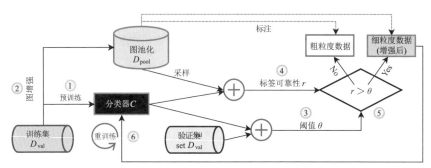

图 4.4　模型演化框架示意图。完整的工作流程如下：①用训练集预训练图分类器；②应用子图增强生成数据池；③使用验证集计算标签可靠性阈值；④计算从图池中采样的样本的标签可靠性；⑤利用阈值对数据进行筛选，得到增强的数据集；⑥基于增强后的训练集再训练图分类器

算法 4-2　M-Evolve

　　输入：训练集 D_{train}，验证集 D_{val}，子图增强 f，迭代次数 T；

　　输出：优化后的图分类器 C'；

1　使用训练集和验证集预训练图分类器 C；

2　初始化 iteration=0；

3　**for** iteration$<T$ **do**

4　　　图增强：$D_{\mathrm{pool}} \leftarrow f(D_{\mathrm{train}})$；

5　　　对于 D_{val} 中由 C 分类的所有图 G_i，得到 p_i；

6　　　通过式(4.8)得到概率融合矩阵 Q；

7　　　对于由 C 分类的 D_{val} 中的所有图 G_i，通过式(4.9)得到 r_i；

8　　　通过式(4.10)获得标签可靠性阈值 θ；

9　　　对于 D_{pool} 中由 C 分类的所有样本(G_i, y_i)计算 r_i，如果 $r_i > \theta$，D_{train}.append$((G_i, y_i))$；

10　　　得到演化分类器：$C' \leftarrow \mathrm{retrain}(C, D_{\mathrm{train}})$；

11   iteration←iteration+1;

12      $C←C'$;

13 **end**

14 **end**

15 **return** C';

4.4 子图增强的应用

    M-Evolve 框架能够兼容不同的图分类模型。为了探索 M-Evolve 在其他图任务上的可迁移性,本章节将节点分类和链路预测统一到图分类范式下。如图 4.5 所示,对于节点分类(链路预测),首先提取每个目标节点(链路)周围的局部子图,并将提取的所有子图视为图数据集来训练图分类器,该分类器学习将子图模式映射到节点标签(链路状态)的函数。本章节选择深度神经架构 DGCNN[39]作为默认的图分类器。

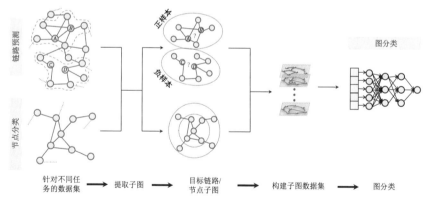

图 4.5 将多个任务统一为图分类。对于链路预测,提取目标节点对周围的局部子图,子图的标签反映链路的存在性;对于节点分类,提取目标节点周围的局部子图,子图标签等同于相应的节点标签

4.4.1 图分类

图分类用于识别数据集中图的类别标签，在药物分类、毒性检测和蛋白质分析等方面发挥着重要作用。常用的方法有图核[10,11,16]、图嵌入[18-20]和图池化[32,33]等技术。

实验设置

数据 在两个标准数据集上评估所提出的方法：Mutag[40]和PTC-MR[41]。这两个数据集表示化合物的分子图集合，其中节点对应于原子，边表示它们之间的化学键。数据集的规模在表 4.1 中给出。

表 4.1 数据集属性，其中|D|是数据集中图的数量，|Y|是标签的类别数量，Avg. |V|/ Avg. |E|是节点/边的平均数量，bias.是占主导类别所占的比例，Attr.是数据集中节点的特征维度

Task	Dataset	$|D|$	$|Y|$	Avg. $|V|$	Avg. $|E|$	bias.(%)	Attr.
Graph classification	MUTAG	188	2	17.93	19.79	66.5	--
	PTC-MR	344	2	14.29	14.69	55.8	--
Link prediction	Router	3822	2	50.00	50.15	50	--
	Celegans	2964	2	90.11	225.25	50	--
Node classification	BlogCatalog	5196	6	67.11	359.57	16.7	8189
	Flickr	7575	9	64.30	1139.25	11.1	12 047

参数设置 首先将每个数据集分成比例为 7：1：2 的训练集、验证集和测试集。重复实验 25 次并报告所有试验的平均准确度。使用 DGCNN 架构的默认设置，即 4 个图卷积层(通道数分别为 32、32、32、1)和一个具有 128 个神经元的全连接层。

4.4.2 链路预测

链路预测旨在发现缺失的链路或基于可观测的链接和其他外部信息预测成对节点之间的未来交互，被广泛应用于好友推荐[42]、知识图谱补全[43]

和网络重建[44]。常用的方法有基于节点相似性算法[38]、最大似然方法[45,46]、概率模型[47,48]和图自动编码器(GAE)[49,50]。

1. 子图提取

对于原始图 $G=(V, E)$，给定目标成对节点 v_i, $v_j \in V$，(v_i, v_j) 的 h-hop 子图是由节点集 $\{v_k | d(v_k, v_i) \le h \text{ or } d(v_k, v_j) \le h\}$ 导出的子图 $G_{i,j}^h \subset G$，其中 $d(a, b)$ 是节点 a 和 b 之间的最短路径的长度。子图 $G_{i,j}^h$ 描述了目标链路 (v_i, v_j) 的"h-hop 邻域"。

节点重要性标签　由于子图的大小受目标链路辐射顺序的约束，因此相对于目标链路具有不同相对位置的节点具有不同的结构重要性，即对链路存在的预测具有不同的贡献。通常来说，在一个图中彼此靠近的成对节点通常比相距较远的成对节点具有更高的影响，因此在子图中根据节点与中心成对节点(目标链路)的距离来设置节点重要性标签是很自然的。这里使用双半径节点标签(DRNL)策略[9]设置节点重要性标签：

$$f_{lp}(k) = 1 + \min\left(d_i, d_j\right) + (d/2)[(d/2) + (d\%2) - 1] \tag{4.11}$$

其中，$d_i := d(k,i)$，$d_j := d(k,i)$，$d := d_i + d_j$，$(d/2)$ 和 $(d\%2)$ 是 d 除以 2 的整数商和余数。对于那些 $d(k, i) = \pm\infty$ 或 $d(k, j) = \pm\infty$ 的节点，给它们一个空标签 0。图 4.6 显示了一个通过 DRNL 标记节点重要性的示例。这些节点重要性的标签是唯一的独热编码，和节点的属性特征拼接作为节点特征，用于后续图分类任务。

2. 实验设定

数据　在两个基准数据集上评估了所提出的方法：Router[51] 和 Celegans[52]。Router 是路由器拓扑数据集，Celegans 是神经元网络数据集。表 4.1 给出了数据集的详细规格。

基线　为了验证 DGCNN 在解决链路预测问题上的有效性，将 DGCNN 与基于 GNN 的链路预测方法进行了比较：图自动编码器(GAE)和变分图自动编码器(VGAE)[49]。

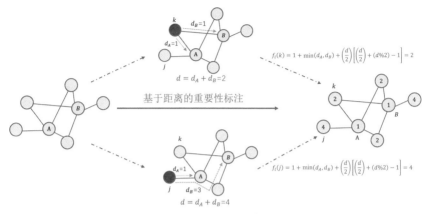

图 4.6　链路预测中节点重要性标注的示意图

参数设置　将每个数据集按 $1:1:3$ 的比例分成训练集、验证集和测试集。重复实验 25 次并报告所有试验的平均准确度。调整了 DGCNN 架构的设置，使用 4 个图卷积层(通道数分别为 32、32、32、1)和一个具有 256 个神经元的全连接层。对于子图提取，将邻域跳数 h 设置为 2。

4.4.3　节点分类

节点分类通常是一个半监督学习任务，在图中只有少数节点的标签已知的情况下，预测图中其他节点的标签。它广泛用于推荐、知识图谱的对应实体等。常用的方法包括基于随机游走的嵌入方法[53,54]、谱域卷积方法[55]和空域卷积方法[56]。

1. 子图提取

对于原始图 $G=(V, E)$，目标节点 $v_i \in V$ 的 h-hop 子图 G_i^h 是由节点集 $\{v_k | d(v_k, v_i) \leq h\}$ 导出的。

节点重要性标注　与链路预测任务中的节点重要性标签类似，我们根据节点与目标节点的距离设置节点的重要性标签：

$$f_{nc}(k) = d(k, i) \tag{4.12}$$

2. 实验设置

数据　在两个社交数据集上评估了所提出的方法：BlogCatalog 和 flickr[55]，其中社交平台发布的关键字或标签被用作节点属性信息。表 4.1 给出了数据集的详细规格。

基线　为了验证 DGCNN 在解决链路预测问题上的有效性，比较了 DGCNN 与流行的节点分类深度模型，其中包括图卷积网络(GCN)[8]和图注意力网络(GAT)[58]。

参数设置　将每个数据集按 1∶2∶7 划分成训练集、验证集和测试集，重复实验 25 次并报告所有试验的平均准确度。调整了 DGCNN 架构的设置，使用两个图卷积层(通道数分别为 32、1)和一个具有 256 个神经元的全连接层。对于子图提取，将邻域跳数 h 设置为 1。

4.4.4　实验结果

将多个任务统一为图分类范式，并使用 DGCNN 模型完成所有任务。表 4.2、表 4.3 和表 4.4 报告了基线、DGCNN 和不同演化模型之间的性能比较结果。

首先，我们比较了 DGCNN 和演化模型，可以看出 6 个数据集的分类性能都有所提高，表明 M-Evolve 能够有效地提高图分类模型的性能。我们推测使用有限制的训练数据训练的原始 DGCNN 模型是过拟合的，相反 M-Evolve 通过子图增强来丰富训练数据的规模，通过迭代重训练来优化图分类器，从而在一定程度上提高了模型的泛化性能。

表 4.2   原始模型和演化模型的图分类结果。最好的结果用粗体标出。最右一栏给出了精度方面的平均相对提升率

| 数据集 | 方法 | 重连预算 | | | 平均相对 |
		0.10	**0.15**	**0.20**	提升率
MUTAG	DGCNN	0.8447			--
	DGCNN+random	0.8447	0.8533	**0.8458**	**+0.38%**
	DGCNN+m-s	**0.8450**	**0.8547**	0.8436	+0.36%
PTC_MR	DGCNN	0.5775			--
	DGCNN+random	0.5739	0.5764	**0.5860**	+0.22%
	DGCNN+m-s	**0.5849**	**0.5962**	0.5733	**+1.26%**

表 4.3   基线、DGCNN 和演化模型的链路预测结果。最好的结果用粗体标出。最右一栏给出了精度方面的平均相对提升率

| 数据集 | 方法 | 重连预算 | | | 平均相对 |
		0.10	**0.15**	**0.20**	提升率
Router	GAE	0.5130			--
	VGAE	0.4999			--
	DGCNN	0.6721			--
	DGCNN+random	0.6430	0.6512	0.6694	−2.6%
	DGCNN+m-s	**0.6858**	**0.6852**	**0.6854**	**+1.7%**
Celegans	GAE	0.5256			--
	VGAE	0.5053			--
	DGCNN	0.6323			--
	DGCNN+random	0.6170	0.6125	0.6176	−2.6%
	DGCNN+m-s	**0.6353**	**0.6379**	**0.6379**	**+0.7%**

表 4.4　基线、DGCNN 和演化模型的节点分类结果。最好的结果用粗体标出。最右一栏给出
了精度方面的平均相对提升率

数据集	方法	重连预算			平均相对提升率
		0.10	**0.15**	**0.20**	
Blog	GCN	0.7200			--
	GAT	0.6630			--
	DGCNN	0.7453			--
	DGCNN+random	0.7502	0.7493	**0.7483**	+0.53%
	DGCNN+m-s	**0.7589**	**0.7560**	0.7457	**+1.10%**
Flickr	GCN	**0.5460**			--
	GAT	0.3590			--
	DGCNN	0.4192			--
	DGCNN+random	0.4471	0.4499	0.4505	+7.15%
	DGCNN+m-s	0.4888	0.4884	0.5014	**+17.57%**

现在，定义性能的相对提升率(RIMP)如下：

$$RIMP = \frac{Acc_{en} - Acc_{ori}}{Acc_{ori}} \tag{4.13}$$

其中，Acc_{en} 和 Acc_{ori} 分别指演化模型和原始模型的准确率。在表 4.2、表 4.3 和表 4.4 中，最右边的一栏给出了准确率的平均相对提升率，从中可以看出 M-Evolve 与模体-相似性(m-s)映射相结合的整体效果更好。这些结果表明，相似性和模体机制在增强图分类方面都起到了积极的作用。一种合理的解释为，相似性机制倾向于连接具有更高相似性的节点，并且能够合理地优化拓扑结构，这类似于之前文献[59]中提到的方法。模体机制通过局部的边交换来实现数据增强，一定程度上约束了对图的度分布和聚类系统的影响。

本章节进一步研究了将链接预测和节点分类任务统一为图分类范式的有效性。值得注意的是，实验中构造的子图训练集仅占链路预测(节点分类)整个数据集的 20%/10%。通过比较 DGCNN 和基线的性能，可以看出：对

于链路预测，DGCNN 的性能明显优于基线，因为 GAE 和 VGAE 在使用极稀疏的图进行训练时的性能表现会很糟糕；对于节点分类，DGCNN 优于 Blog 上的基线但不如 GCN，这是由于在构建子图数据集时，我们提取了 1-hop 子图以降低算法的运行成本，而 GCN 聚合了 2-hop 并使用了更多的邻域信息。总体而言，与基线相比，DGCNN 在链路预测和节点分类任务中都取得了竞争性的结果，这表明将链路预测和节点分类任务统一为图分类范式的思想是有效的。

4.5 本章小结

本章节将节点分类和链路预测任务统一到图分类范式，并提出子图增强的策略，通过图结构的启发式转换为小型标准数据集生成弱标注数据。此外，本章节还提出了一个通用的模型演化框架，将子图增强、数据筛选和模型重训练相结合，以优化预训练好的图分类器。在 6 个数据集上的实验表明，本章节提出的框架性能良好，有助于现有的图分类模型缓解在小规模标准数据集上的过拟合问题，并显著提高分类性能。

第 5 章

基于图的对抗攻击：
如何隐藏你的结构信息

单雅璐，朱俊豪，谢昀苌，王金焕，周嘉俊，周波，宣琦

摘要：深度学习在人工智能领域中享誉甚厚，且在各个方面具有优异的表现，特别是在计算机视觉方面尤为突出。然而，大多数深度学习模型都是易受攻击的，并且容易被输入信息中添加的细微扰动所误导，我们将这样的扰动行为称作对抗攻击。随着深度学习模型扩展到图领域，对抗攻击也威胁到各种图数据挖掘任务，例如节点分类、链路预测、社团检测和图分类。攻击者可以修改图的拓扑或特征，例如操纵一些连边或节点以降低图算法的性能。这些算法的脆弱性在极大地影响其应用性，并受到了巨大的关注。在本章中，我们概述了现有的对抗攻击研究。具体来说，我们简要概括并分类了现有的图对抗攻击方法，例如启发式方法、梯度方法和强化学习方法，然后在不同的图任务中选择几种经典的对抗攻击方法，并进行详细介绍。最后，我们总结了该领域现在面临的挑战。

在本章节中，5.1 节介绍对抗攻击的背景知识；5.2 节介绍对抗攻击的基本概念；5.3 节讨论对抗攻击在节点分类、链路预测、社团检测和图分类场景下的应用实例；最后，5.4 节总结了亟待解决的问题和对未来研究方向的规划。

5.1 背景

在过去的几年时间里，深度学习得到了快速的发展，在图像识别、目标检测和自然语言处理上的应用迅速展开。与此同时，深度学习也因其在自动驾驶等场景中的出色表现而备受关注。然而，近年来经常使用的深度学习模型被证明在面对扰动场景时具有不稳定性和不可靠性。Szegedy 等[1]首先注意到图像分类中的对抗样本，即使用轻微扰动制作污染图像并使用其以降低模型分类性能。这种不可靠性严重限制了深度学习模型的适用性。同时，许多关于对抗攻击的研究工作已经证明了深度学习模型的脆弱性。例如，Goodfellow 等[2]提出了一种基于梯度的方法(FGSM)以产生对抗图像样本，这可以显著降低深度学习模型的性能。Szegedy 等[1]提出了一种无目标的攻击算法，称为 DeepFool。DeepFool 根据最小畸变(在欧几里得距离的意义上)将图像投射到最近的分离超平面来误导分类模型。Carlini 和 Wagner 等[3]提出了 Carlini&Wagner(C&W)攻击策略，这是一种基于优化的方法。C&W 方法利用有目标 DNN 的内部配置来进行攻击，并使用 L2 范数(例如，欧几里得距离)来量化对抗样本和原始样本之间的差异。

尽管对抗攻击方法取得了长足的进展——从启发式和基于梯度的方法过渡到基于优化的方法，但研究者主要关注与计算机视觉相关的任务，对于图机器学习仍然缺乏探索。作为一种强大的数据表示方法，图可以对不同领域的数据进行建模，例如生物学(蛋白质相互作用网络)、化学(分子结构)和社会学(社交网络)。图数据挖掘算法的对抗攻击具有显著的现实意义。以在线社交网络为例，虚假账户通过遵循正常账户的日常行为来降低其可疑性和避免被检测出来。恶意用户可以操纵他的个人资料或连接到目标用户来误导模型。同样，向特定产品添加虚假评论可以让网站的推荐系统做出错误的推荐。

在此，我们简单回顾当下关于图对抗攻击的方法。Zügner 等[4]首先提出了被命名为 NETTACK 的图数据攻击方法，并用其攻击节点分类任务的图卷积网络(Graph Convolutional Network, GCN)。他们利用增量计算生成对抗图数据。在这之后，Zügner 等[5]设计了一个名为 FASTTACK 的具有高度可扩展性的对抗攻击算法。FASTTACK 通过利用 NETTACK 的统计学模式，成功地生成了针对模型和数据集的有效对抗扰动。

在现有的对抗攻击策略中，由于其简单性和出色的性能，基于梯度的攻击方法受到了广泛的关注。Zügner 等[6]提出了 META 攻击，通过将输入数据视为一个超参数来降低 GCN 性能。Chen 等[7]设计了动量梯度攻击(MGA)策略。动量梯度不仅可以使参数更新方向保持稳定，而且能使模型跳出局部最优。为了解决因图的离散性而导致的问题，Wu 等[8]引入集成梯度。集成梯度可以准确反映攻击操作的效果。关于链路层面的任务，Chen 等[9]使用迭代梯度攻击(IGA)来误导 GAE 模型。对于动态网络链路预测，Chen 等[10]利用由深度动态网络生成的梯度信息开发了时间感知梯度攻击(TGA)并用以生成对抗样本。Tang 等[11]提出了一种针对图分类的分层图池化神经网络的攻击策略。他们设计了一种包含卷积和池化操作的代理模型，并通过池化操作将保留节点设置为攻击目标。Li 等[12]介绍了简化的梯度攻击(SGA)，该方法将简化的图卷积网络(SGC)作为代理模型并且解决了基于梯度的攻击策略应用于大规模图产生的时间和空间高度复杂的问题。Ma 等[13]提出了一种黑盒攻击策略，它脱胎自基于梯度的白盒方法，该策略使用误分类率校正攻击者的损失。Finkelshtein 等[14]开发了一种基于梯度的白盒方法和一种依赖于图拓扑结构的黑盒方法，然后他们证明了单节点攻击的效果不逊色于多节点攻击的效果。

除了基于梯度的方法之外，遗传算法(GA)作为另一种优化方法也被应用于对抗攻击。Chen 等[15]使用基于 GA 的 Q 攻击来破坏图的社团结构。Yu 等[16]考虑了攻击节点分类和社团检测任务，并引入了一种基于 GA 的欧几里得距离攻击策略(EDA)用于攻击图嵌入。此外，Dai 等[17]和 Ma 等[18]使用强化学习设计攻击策略对节点分类和图分类进行攻击。Fan 等[19]利用强化学习开发了针对动态网络链路预测的黑盒攻击策略。此外，GAN 也被应用于对图数据的对抗攻击[20,21]。Chen 等[21]调整了传统的 GAN，设计了一种包含多策略发生器、相似性判别器和攻击判别器的适应性图对抗攻击方法(AGA-GAN)，并通过采样子图来降低攻击成本。还有如启发式算法[22,23]等攻击算法。例如，Yu 等[22]提出了 3 种启发式重连策略。Zhou 等[23]关注两种经典的启发式算法，一种使用关于目标连边的局部信息，另一种使用网络的全局信息。

5.2 对抗攻击

根据已有研究，我们首先介绍针对图数据挖掘算法的对抗攻击概念。此后，将从不同的角度对已有的攻击策略进行分类和介绍。

5.2.1 问题描述

对抗攻击试图通过对图结构或图特征进行轻微改动以影响图数据挖掘模型的性能。接下来，我们将总结并给出图对抗攻击的一般性公式。

我们使用 $G=(A, X)$ 表示一幅图，其中，A 表示邻接矩阵，X 表示节点的特征矩阵。我们用 f 表示某一图任务的学习模型，用 y_i 表示图或节点的标签(即真实信息)。攻击者旨在通过制作对抗样本 $\hat{G} = (\hat{A}, \hat{X})$ 来最大化攻击损失 $\mathscr{L}_{atk}$，其中，$\hat{A}$、$\hat{X}$ 表示在 A, X 中添加细微的扰动后产生的新矩阵。

$$\underset{\hat{G} \in \Psi(G)}{\text{maximize}} \sum_{i \in T} \mathscr{L}_{\text{atk}}(f_{\theta^*}(\hat{G}^i), y_i)$$
$$s.t. \theta^* = \underset{\theta}{\text{argmin}} \sum_{j \in L} \mathscr{L}_{\text{train}}(f_\theta(G'^j), y_j) \tag{5.1}$$

其中，$\Psi(G)$ 表示作用于 G 上的扰动空间；G' 可以是 G 或 $\hat{G}$，分别表示原图或受扰动的图。T 表示测试集，L 表示训练集。为了使攻击足够隐蔽，我们设置了一个固定的代价值 Δ 来限制对抗样本中添加的扰动数量：

$$Q(\hat{G}^i, G^i) < \Delta$$
$$s.t. \hat{G}^i \in \Psi(G) \tag{5.2}$$

其中，$Q(\cdot)$ 表示相似度函数，如给定节点间的共同邻居数量、余弦相似度、Jaccard 相似度等。

5.2.2 攻击分类

我们简单地介绍图数据上的几种对抗攻击方法，并根据攻击者的能力、攻击者的信息量、攻击策略和攻击目标将这些方法分成几个类别。

攻击者的能力：攻击方式一般分为两种，即逃逸攻击和中毒攻击。两者的主要区别在于用户注入对抗扰动的能力。

- 逃逸攻击——逃逸攻击实施于模型的测试阶段。逃逸攻击中，被攻击模型是固定的，即模型由纯净样本训练完成且攻击者无法改变模型的参数和结构。在测试过程中，攻击者修改测试数据集以降低模型在该数据集上的预测效果。
- 中毒攻击——中毒攻击实施于模型的训练过程中。攻击者在模型的训练阶段向纯净样本中添加对抗样本，意图使模型训练过程无法达到预期效果。

攻击者的信息量：为了在目标系统中添加攻击，攻击者需要获取目标模型和数据集的详细信息，这有助于达到攻击目标。据此，我们可以将攻击方法分为以下 3 类，即白盒攻击、灰盒攻击和黑盒攻击。

- 白盒攻击——白盒攻击中，攻击者具有目标模型的所有信息，包括模型结构、模型参数以及梯度信息，亦即，目标模型对于攻击者是完全透明的。然而，因为攻击者几乎不可能获取模型的所有信息，白盒攻击在现实场景下很难实现应用。
- 灰盒攻击——相较于白盒攻击，攻击者在实施灰盒攻击时允许利用部分数据或模型。例如，攻击者可以使用训练集的标签信息，相较于参数信息，这可以帮助攻击者获得一个代理模型用以构建攻击。因此，相对于白盒攻击，灰盒攻击虽然损失了攻击效率但是获得了攻击实现可能性。
- 黑盒攻击——在黑盒攻击中，攻击者除了对有限样本的了解外，对目标模型一无所知。因此，相对于上面两种攻击，黑盒攻击最容易部署。相对的，黑盒攻击的攻击效率也是三者中最低的。

攻击策略： 为了攻击一个图数据的模型，攻击者可以有许许多多的攻击策略。大多数研究主要关注于重构网络拓扑结构或是改变节点/连边的特征。据此，现有的工作可以被分类为拓扑攻击、特征攻击和混合攻击。

- 拓扑攻击——攻击者主要使用改变图拓扑结构的方法来实施攻击，方法包括增/删连边、增/删节点、重连边。特别的，增加节点/连边会增加网络的规模，而删除连边/节点会增加网络变得不连通的风险。

- 特征攻击——图数据挖掘算法，尤其是图神经网络模型(Graph Neural Networks，GNNs)，往往会利用图的拓扑信息和节点/连边的特征。因此，攻击者也可以通过改变节点/连边特征来构造攻击。区别于图拓扑结构，节点/连边特征可以被二值化或是被表示为连续值。基于此，我们有不同的对于特征的操作方法，如，在二值化表征中对特征进行取反操作，或是在连续特征表征中添加一个很小的扰动量。

- 混合攻击——在大部分情况下，攻击者会同时使用以上两个策略来使攻击更加高效。

攻击目标： 一般来说，根据攻击者的攻击目标，我们可以得到两个不同的攻击场景：只降低目标节点/连边的可预测性，或降低整个模型在测试集上的整体表现。因此，可以将攻击策略分为以下两个类别。

- 有目标攻击：攻击者旨在让训练好的模型在目标样本上出现错误分类，因此他们主要关注逃逸攻击的应用。根据攻击者的信息量，我们可以进一步细化有目标攻击：①直接攻击，攻击者直接操作目标节点实现攻击；②间接攻击，攻击者只操作非目标节点，即目标节点的邻居节点，并以此来影响目标节点的可预测性。

- 无目标攻击：为了降低模型在测试集上的整体表现，攻击者更倾向于在训练集中添加中毒样本来攻击训练好的模型。显然，相对于有目标攻击，无目标攻击影响范围更广且更容易被察觉。

5.3 攻击策略

图数据挖掘中有 4 类典型的任务：节点分类、链路预测、社团检测和图分类。下一步，我们将介绍针对这 4 类任务的攻击算法并给出其中一到两种攻击策略的详细介绍。

5.3.1 节点分类

节点分类是图数据挖掘中最常见的任务之一。给定一个图及其一组带有标记的节点，该任务的目标是预测未标记节点的标签。节点分类广泛应用于不同的领域。例如，可以使用节点分类来对生物网络中的蛋白质的作用进行分类，或者预测电子商务网络中用户的类型。然而，图算法的漏洞阻碍了节点分类的发展。Zügner 等[4]综合考虑测试阶段和训练阶段，并通过对节点特征和图结构进行扰动来产生对抗图数据。Dai 等[17]利用强化学习和遗传算法设计了两个有效的节点分类和图分类攻略策略。但是，它们仅使用了删除连边的攻击方法，且缺乏迁移性评估。此外，Bojchevski 等[24]利用扰动理论进行中毒攻击，该方法被用于最大化 DeepWalk 训练后获得的损失。当下许多工作[6,8,20,25,26]集中于基于梯度的策略，他们提取梯度信息，通过增删连边的方式构造对抗样本。

1. NETTACK

Zügner 等[4]提出了一种名为 NETTACK 的高效算法，用该方法生成具有难以察觉扰动的对抗样本。NETTACK 是一种顺序方法，它使用代理模型生成对抗图。相关实验表明，该攻击方法可以显著降低节点分类任务模型的性能。

NETTACK 使用传统的 GCN 模型作为其代理模型。一个传统的具有一个隐藏层的 GCN 模型可以被表示如下：

$$Z = f_\theta(A, X) = \text{softmax}(\hat{A}\sigma(\hat{A}XW^{(1)})W^{(2)}) \tag{5.3}$$

其中，$\hat{A} = \tilde{D}^{-\frac{1}{2}}\tilde{A}\tilde{D}^{-\frac{1}{2}}$，$\tilde{A} = A + I_N$表示添加了自连边的邻接矩阵，$I_N$

是 N 维单位阵。$W^{(l)}$ 是可训练的 l 层参数矩阵，$\sigma(\cdot)$ 是激活函数，如 ReLU。为了简化模型，Zügner 等[4]使用了线性激活函数，其代理模型可以表示为：

$$Z' = \text{softmax}(\hat{A}\hat{A}XW^{(1)}W^{(2)}) = \text{softmax}(\hat{A}^2 XW) \tag{5.4}$$

其中，$\hat{A}^2 XW$ 是节点的对数概率，它可以影响分类的性能。为了降低目标节点的分类精度，攻击者需要计算目标节点的对数概率并生成在目标节点上相对于原始节点具有较大改变的对抗图。因此，攻击者的损失函数可以表示为：

$$\mathcal{L}_{\text{atk}}(A, X; W, v_0) = \max_{y \neq y_{\text{old}}} [\hat{A}^2 XW]_{v_0, y} - [\hat{A}^2 XW]_{v_0, y_{\text{old}}} \tag{5.5}$$

其中，y 表示对抗标签，y_{old} 表示原始标签，两者都由代理模型进行预测获得。攻击者的目的就是最大化该损失函数，优化公式可以表示为：

$$\underset{(A', X')}{\arg\max} \, \mathcal{L}_{\text{atk}}(A', X'; W, v_0) \tag{5.6}$$

其中，$A'=A\pm e$ 和 $X'=X\pm f$ 分别表示修改过的邻接矩阵和特征矩阵，e 表示修改过的连边，f 表示修改过的特征。

为了更好地设计扰动来尽可能大地影响节点分类模型的精度，我们定义了两个评分函数 s_{struct} 和 s_{feat} 以分别评估连边扰动和特征扰动所造成的影响：

$$s_{\text{struct}}(e; G, v_0) := \mathcal{L}_{\text{atk}}(A', X; W, v_0) \tag{5.7}$$

$$s_{\text{feat}}(f; G, v_0) := \mathcal{L}_{\text{atk}}(A, X'; W, v_0) \tag{5.8}$$

我们使用这两个评分函数来构建对抗图。攻击者计算候选集合中连边和特征的评分函数，然后挑选出得分最高的扰动。这个过程会一直重复，直至超出攻击预算。

不可察觉的扰动在计算机视觉中很容易被直观地验证，而在图数据中由于其离散性和较差的可见性而很难被验证。如果只考虑预算 Δ，那么对抗样本会有很大的风险被检测出来。因此，如何设计一个不可察觉的微小扰动是图对抗攻击中的一个新挑战。值得注意的是，NETTACK 只考虑那些能够保持输入数据固有特性的扰动。

图结构保持的扰动：不可否认的是，度分布是图结构最重要的特征且在真实网络中往往遵循幂律分布。当对抗图中的度分布相对于原图改变很大时，很容易会被检测出来。因此，对抗图需要与原图具有相似的幂律表现。攻击者使用似然率检测来估计对抗图的度分布与原始图的相似度。具体的操作流程如下：

首先，估计一个幂律分布 $p(x) \propto x^{-a}$ 的指数 a。

$$\alpha_G \approx 1 + |\mathscr{D}_G| \cdot [\sum_{d_i \in \mathscr{D}_G} \log \frac{d_i}{d_{\min} - \frac{1}{2}}]^{-1} \tag{5.9}$$

其中，$d_{\min}$ 表示在幂律测试中需要考虑的最小度值，$\mathscr{D}_G = \{d_v^G | v \in \mathscr{V}, d_v^G \geq d_{\min}\}$ 表示节点度的集合，d_v^G 表示节点 v 在 G 中的度值。根据式 (5.9)，我们可以估计原图的指数 α_G 和对抗图的指数 $\alpha_{G'}$。α_{comb} 也可以使用联合样本 $\mathscr{D}_{\mathrm{comb}} = \mathscr{D}_G \cup \mathscr{D}_{G'}$ 来估计。

第二，根据参数 α_x 可以计算样本 $\mathscr{D}_x$ 的对数似然性：

$$l(\mathscr{D}_x) = |\mathscr{D}_x| \cdot \log \alpha_x + |\mathscr{D}_x| \cdot \alpha_x \cdot \log d_{\min} + (\alpha_x + 1) \sum_{d_i \in \mathscr{D}_x} \log d_i \tag{5.10}$$

第三，使用重要性测试来决定 $\mathscr{D}_G$、$\mathscr{D}_{G'}$ 两个样本是否来自相同的幂律分布 (原假设 H_0)，反之则是备择假设 H_1：

$$l(H_0) = l(\mathscr{D}_{\mathrm{comb}}); l(H_1) = l(\mathscr{D}_G) + l(\mathscr{D}_{G'}) \tag{5.11}$$

根据似然率测试，最终的测试量定义为：

$$\Lambda(G, G') = -2 \cdot l(H_0) + 2 \cdot l(H_1) \tag{5.12}$$

对于大规模样本，其服从自由度为 1 的 χ^2 分布。当 χ^2 分布的 p 值大于 0.95 时，我们接受对抗图 $G' = (A', X')$。那么，度分布需要满足：

$$\Lambda(G, G') < \tau \approx 0.004 \tag{5.13}$$

特征量保持的扰动：如果在原图中从来没有同时出现过的两个特征在对抗图中同时出现了，这会极大增加暴露的风险。因此，我们用确定性测试来设计特征量保持的扰动。

为了选择潜在的待修改特征,定义一种从 G 扩展而来的同现图 $C=(\mathscr{F}, F)$,其中,$\mathscr{F}$ 表示特征集合,$F \subseteq \mathscr{F} \times \mathscr{F}$ 表示纯净图中同时出现的特征。例如,$(f_1, f_2) \in F$ 表示特征 f_1 和 f_2 同时在图中出现。我们将尽可能使得用随机游走的方法获取候选特征的概率最大化的情况下,对特征进行轻微扰动。一般地,$S_u=\{j| X_{uj} \neq 0\}$ 表示表征节点 u 的所有特征集合。若满足以下公式,我们认为对节点 u 添加的特征 $i \notin S_u$ 是轻微的:

$$p(i|S_u) = \frac{1}{|S_u|} \sum_{j \in S_u} \frac{1}{d_j} \cdot F_{ij} > \sigma \qquad (5.14)$$

所有的扰动都必须来自图结构保持的扰动或是特征量保持的扰动。

2. 元攻击

尽管中毒攻击表现得比逃逸攻击更好,但中毒攻击的双层优化问题本质限制了它的广泛应用。Zügner 等[6]通过使用元学习的方法明确了待解决的问题并提出元攻击方法。其关键是攻击者将节点分类模型中基于梯度的优化过程颠倒,并将输入数据视为超参数进行学习。

元攻击[6]在传统 GCN 模型上执行对抗攻击。在训练阶段,通过最小化损失函数 $\mathscr{L}_{\text{train}}$(例如交叉熵损失函数)对模型参数 θ 进行学习:

$$\theta^* = \arg \min_{\theta} \mathscr{L}_{\text{train}}(f_{\theta}(G)) \qquad (5.15)$$

其中,$f_{\theta}(\cdot)$ 表示模型函数。攻击者的目的就是最小化攻击损失 $\mathscr{L}_{\text{atk}}$:

$$\min_{\hat{G} \in \Psi(G)} \mathscr{L}_{\text{atk}}(f_{\theta^*}(\hat{G})) \qquad (5.16)$$

其中,$\Psi(G)$ 表示基于 G 的扰动空间,G 和 $\hat{G}$ 分别表示原始图和对抗图。双层优化问题可以表示如下:

$$\min_{\hat{G} \in \Psi(G)} \mathscr{L}_{\text{atk}}(f_{\theta^*}(\hat{G})) \quad s.t. \quad \theta^* = \arg \min_{\theta} \mathscr{L}_{\text{train}}(f_{\theta}(\hat{G})) \qquad (5.17)$$

Zügner 等[6]介绍了两个攻击损失函数，以下是其详细介绍。由于测试集的标签不可用，攻击者无法优化测试损失来生成对抗图。已知当模型在训练阶段具有较高的训练误差时，其泛化性能往往比较薄弱。Zügner 等[6]采用训练损失$\mathscr{L}_{\text{train}}$来解决不能把测试损失当作攻击者的损失的问题，即让$\mathscr{L}_{\text{atk}} = -\mathscr{L}_{\text{train}}$，这种方法被命名为元训练攻击。

另外，攻击者使用训练集来学习模型并预测未标注节点 v_u 的标签 c_u。在这之后，攻击者可以使用测试集与预测出来的标签来计算攻击损失$\mathscr{L}_{\text{atk}}$，即$\mathscr{L}_{\text{atk}} = -\mathscr{L}_{\text{self}}$，该损失只会在训练之后用来评估泛化效果。这个方法被称为元自攻击。

在明确攻击者的损失函数之后，Zügner 等[6]使用元梯度方法来处理双层优化问题，将图结构矩阵视为超参数并计算训练后$\mathscr{L}_{\text{atk}}$的梯度：

$$\nabla_G^{\text{meta}} := \nabla_G \mathscr{L}_{\text{atk}}(f_{\theta*}(G)) \qquad s.t. \qquad \theta^* = \text{opt}_\theta(\mathscr{L}_{\text{train}}(f_\theta(G))) \quad (5.18)$$

其中，$\text{opt}(\cdot)$ 是一个可微的优化过程。操作中，$\text{opt}(\cdot)$ 由参数 θ_0 进行初始化并使用学习率为 a 的梯度下降方法进行迭代。参数 θ_{t+1} 的计算方法如下：

$$\theta_{t+1} = \theta_t - \alpha \nabla_{\theta_t} \mathscr{L}_{\text{train}}(f_{\theta_t}(G)) \quad (5.19)$$

元梯度训练方法展开表达如下：

$$\nabla_G^{\text{meta}} = \nabla_G \mathscr{L}_{\text{atk}}(f_{\theta_T}(G)) = \nabla_f \mathscr{L}_{\text{atk}}(f_{\theta_T}(G)) \cdot [\nabla_G f_{\theta_T}(G) + \nabla_{\theta_T} f_{\theta_T}(G) \cdot \nabla_G \theta_T]$$

$$(5.20)$$

其中，$\nabla_G \theta_{t+1} = \nabla_G \theta_t - \alpha \nabla_G \nabla_{\theta_t} \mathscr{L}_{\text{train}}(f_\theta(G))$，$\mathscr{L}_{\text{atk}}(f_{\theta_T}(G))$表示训练 T 攻击者的损失。

由于参数 θ_t 与初始参数 θ_0 及图的结构相关联，攻击者可以根据元梯度来修改图结构并在数据上使用元更新 M 来最小化攻击损失函数 $\mathscr{L}_{\text{atk}}$：

$$G^{(k+1)} \leftarrow M(G^{(k)}) \quad (5.21)$$

经过 K 轮攻击，我们得到最终的对抗样本 $G^{(K)}$。在这里，实例化 M 的一种简单方法是使用具有一定步长 β 的元梯度下降方法，即 $M(G) = G - \beta \nabla_G \mathscr{L}_{\text{atk}}(f_{\theta_T}(G))$。

与一般的梯度攻击策略类似，元攻击方法受限于两个难题：(1)图的离散型；(2)庞大的解空间。为了解决上述两个问题，我们通常使用贪婪方法。攻击者使用固定的图结构矩阵 A 来代替元梯度公式的参数矩阵 G。此外，评分函数 S 被用来估计图 $S(u,v) = \nabla_{a_{u,v}}^{\text{meta}} \cdot (-2 \cdot a_{uv} + 1)$ 的修改影响，其中 a_{uv} 是邻接矩阵 A 在位置 (u,v) 处的元素。攻击者贪婪地选择当前情况下评分最高的扰动 $e'(u',v')$，即

$$e' = \underset{e=(u,v):M(A,e)\in\Psi(G)}{\arg\max} \quad S(u,v) \tag{5.22}$$

其中，$M(A,e) \in \Psi(G)$ 保证了攻击行为是服从攻击限制条件的。重复以上操作，直至被修改的连边数量达到攻击预算。最后，我们会获得最终的对抗图。

3. 实验结果

我们使用 Cora、Citeseer、Polblogs 3 个真实数据集对上述两种节点分类攻击方法进行性能评估，结果如表 5.1 所示。

表 5.1　Metattack 和 NETTACK 在 3 个真实数据集上的攻击表现

攻击方法/数据集	Citeseer	Cora	Polblogs
无攻击	71.80%	82.60%	95.19%
Metattack	68.31%	75.50%	77.30%
NETTACK	67.36%	76.71%	86.50%

进一步地，我们针对 Cora 数据集进行具体分析。Cora 数据集包含 2708 篇机器学习论文，它是图数据挖掘中广受认可的数据集之一。网络中的每个节点代表一篇论文。所有节点分为 7 类：基于具体案例，遗传算法，神经网络，概率方法，强化学习，规则学习和理论的文章。如图 5.1 所示，相同类别的节点具有相同的颜色。每篇论文至少引用另一篇论文或由其他

论文引用，这些论文构成连边。Cora 数据集共包含 5278 个边。我们在 Cora 数据集上执行 NETTACK 和元攻击，如图 5.2 所示，目标节点在子图中标有红色框。原始图的预测结果是绿色的，而根据 NETTACK 或元攻击方法添加 3 条连边后它是蓝色的。结果表明，两种攻击方法都成功误导了分类模型。不同之处在于 NETTACK 方法试图在目标节点上改变分类器性能，而元攻击方法降低了模型的整体分类性能。

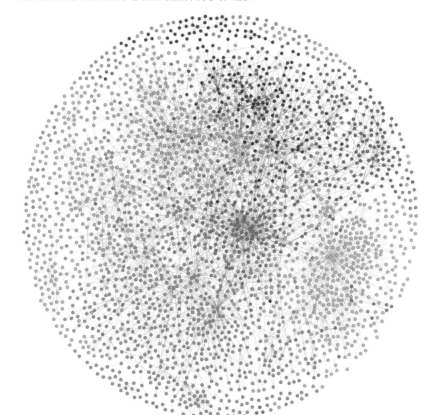

图 5.1　Cora 数据集的可视化

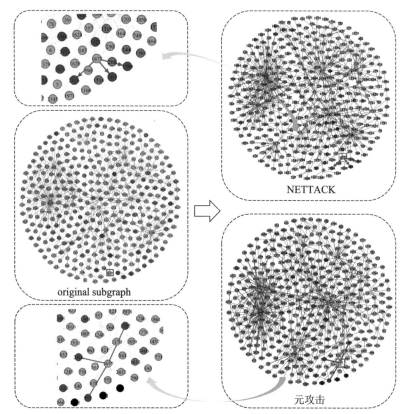

图 5.2 不同攻击方法对 Cora 数据集的结果：(a)NETTACK 子图和(b)元攻击子图。目标节点已在子图中用红色框标记，红线表示添加的边

5.3.2 链路预测

链路预测是图数据挖掘中的另一个重要任务。例如，可以利用链路预测提高生物化学实验的成功率，并降低生物学实验的成本，以及对社交网络中的用户进行好友和产品的推荐。然而，最近的研究表明，链路预测也易受到对抗攻击的伤害。近年来，大量的研究者投入到链路预测对抗攻击的研究当中。Waniek 等[27]和 Yu 等[22]通过重连边方法分别提出生成对抗图的启发式攻击方法。Chen 等[9]基于图自编码器框架提出了一种新的 IGA

方法。关于动态网络链路预测(DNLP)，Chen 等[10]主要集中在梯度法上，Fan 等[19]采用强化学习，两者都可以降低模型性能。在这里，我们主要介绍两种攻击策略：①Yu[22]提出的启发式策略；②Chen[9]提出的基于梯度的策略。

1. 启发式攻击

虽然启发式攻击策略可能不如其他基于优化的方法有效，但它通常可以具有较低的计算复杂度。Yu 等[22]提出了一种基于 RA 指标的启发式攻击策略，RA 指标是衡量节点对之间相似性的一种度量标准，它优于其他几个基于局部相似性的索引，其公式定义如下：

$$RA_{ij} = \sum_{k \in \Gamma(i) \cap \Gamma(j)} \frac{1}{d_k} \qquad (5.23)$$

其中，$\Gamma(i)$表示节点 i 的一阶邻居，d_k 表示节点 k 的度值。我们可以通过减少节点对中两个节点共同邻居的数量或增加它们共同邻居的度值的方法，来降低节点对的 RA 值。Yu 等[22]据此提出一种启发式的攻击策略，其具体方法介绍如下。

首先，将所有节点对分为 3 种情况：①用于训练的节点对；②用于测试的节点对；③没有边相连的节点对。然后，计算每个节点对的 RA 指标，并根据其 RA 值按降序对它们进行排序。最后，可以遍历有序节点对，并通过删除或添加每种情况的边来执行不同的操作。每种情况的规则如下。

- **用于训练的节点对**——直接删除边。在训练阶段，具有高 RA 值连边的模型往往具有良好的性能。如果删除用于训练的节点对之间的边，那么没有边的目标节点对的高 RA 值将误导模型并破坏模型性能。

- **用于测试的节点对**——对于节点对(i, j)，有两种操作：选择度值最小的公共邻居节点 k，然后删除边(i, k)或(j, k)；或者在公共邻居序列中选择度值最小的两个节点 k 和 l，并将连边(k, l)添加到训练集中。上述操作的目标是减小连边(i, j)的 RA 值。

- **没有边相连的节点对**——从属于节点 i 的邻居节点集合但不属于节点 j 的邻居节点集合的节点集合中，选择度最小的节点 k 并添加边 (j, k)。此过程的目的是增加无连边节点对的 RA 值。

上述过程在图 5.3 中进行展示。我们可以通过实现上述操作生成对抗样本。

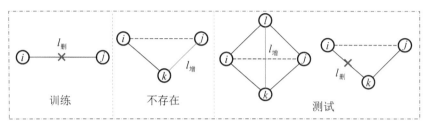

图 5.3 启发式攻击策略流程

2. 基于梯度的攻击

直观地说，基于梯度的攻击方法简单而有效。其基本思想是修正训练后的模型，将输入作为超参数进行优化。

与训练过程类似，攻击者可以使用 $\mathscr{L}_{\text{atk}}$ 的偏导数构建对抗图。图 5.4 显示了基于梯度的方法的框架，该方法的细节如下：

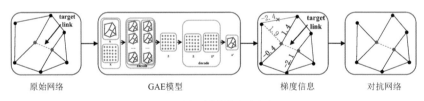

图 5.4 基于梯度的方法框架

用于链路预测的 GAE 模型：在攻击之前，可以训练传统的 GAE 模型，使其具有良好的性能。GAE 模型包括编码模型和解码模型两部分。编码模型采用传统的 GCN 模型，融合节点信息，得到每个节点的嵌入向量矩阵 $Z \in R^{N \times F}$：

$$Z(A) = \hat{A}\sigma(\hat{A}I_N W_{(0)})W_{(1)} \tag{5.24}$$

其中，A 是图的邻接矩阵，$\hat{A} = \tilde{D}^{-1/2}(A + I_N)\tilde{D}^{-1/2}$ 是归一化的邻接矩阵，I_N 是单位矩阵，$\tilde{D}_{ii} = \sum_j (A + I_N)_{ij}$ 是对角度矩阵。$W_{(0)} \in R^{N \times H}$ 和 $W_{(1)} \in R^{H \times F}$ 分别表示 GCN 模型第一层和第二层的参数矩阵，H 和 F 分别表示 GCN 模型第一层和第二层的输出特征维度。σ 是 ReLU 激活函数。解码模型会计算每个节点对的相似度：

$$\tilde{A} = s(ZZ^T) \tag{5.25}$$

其中，s 是 sigmoid 函数，$\tilde{A} \in R^{N \times N}$ 是评分矩阵，其元素为 0 和 1 之间的实数。我们将阈值设置为 0.5，用于确定链路预测结果。当被预测连边的得分高于该阈值时，我们认为该连边在图中存在。

梯度提取： 对抗样本是由在原始图上添加扰动诞生，该扰动由 GAE 模型中提取出的梯度信息决定。对于目标连边 E_t，我们将目标损失函数构造为：

$$\mathcal{L}_{atk} = -\omega Y_t ln(\tilde{A}_t) - (1 - Y_t)ln(1 - \tilde{A}_t) \tag{5.26}$$

其中，$Y_t \in \{0,1\}$ 是目标连边 E_t 的真实值，$\tilde{A}_t$ 是由 GAE 模型计算出的连边 E_t 存在的可能性。根据这个损失函数，我们可以计算出 $\mathcal{L}_{atk}$ 对于邻接矩阵 A 的偏导数，写作：

$$g_{ij} = \frac{\partial \mathcal{L}_{atk}}{\partial A_{ij}} \tag{5.27}$$

梯度矩阵不一定是对称的。这里，对于无向图，攻击者在对称化操作后只会保留上三角矩阵：

$$\hat{g}_{ij} = \hat{g}_{ji} = \begin{cases} \frac{g_{ij} + g_{ji}}{2} & i < j \\ 0 & \text{otherwise} \end{cases} \tag{5.28}$$

生成对抗图： 梯度矩阵的值可正可负，正/负梯度意味着目标损失最大化的方向是增加/减少邻接矩阵相应位置的值。然而，由于图的离散性，梯度不能直接应用于输入数据。取而代之的是，攻击者将选择最大的绝对梯度值并将其调整到适当的值。这些连边的选择取决于梯度的大小，这表明连边对损失函数的影响越大，幅值越大，连边对目标损耗的影响越大。由于图数据的离散性，无论大小，攻击者都无法修改那些梯度为正/负的存在/不存在的连边。这些连边被视为不可攻击，需要跳过它们以获得下一条可攻击连边。

3. 实验结果

为了评估攻击方法的性能，我们使用了著名的 Cora 数据集。该网络包含 2708 个节点和 5208 条连边。由于数据集较大，无法进行整体可视化，因此，我们使用包含目标节点对和修改的连边的子图来显示对抗攻击的细节。如图 5.5 所示，这两个图分别表示原始子图和对抗子图。子图中的红色节点是目标节点对，根据梯度矩阵添加红色连边。链路预测结果表明，在添加两条不明显的连边后，原始网络中存在的连边将被错误地预测。我们随机选取 100 条连边进行测试，结果表明，平均只修改 10 条连边就会使链路预测模型的预测性能变差。

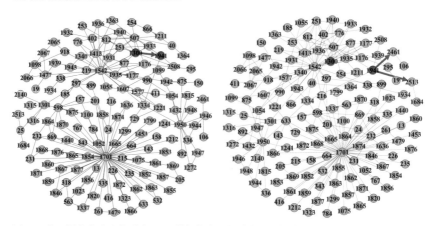

图 5.5　基于梯度的攻击方法在 Cora 数据集上进行链路预测的结果。左图和右图分别表示攻击前后的子图。两个红色节点构成目标节点对，根据邻接矩阵的梯度添加红色边

5.3.3　图分类

图分类是一项旨在预测整个图的类标签的任务。它在不同领域有着广泛的应用，例如诈骗检测[28-31]、恶意软件检测[32-35]和蛋白质分析[36]。关于

图分类的对抗攻击的研究很少。例如，Dai 等[17]使用强化学习通过重连边方法来攻击 GNNs。Zhang 等[37]和 Xi 等[38]提出了基于后门的方法，并取得了良好的性能。在本节中，我们将主要介绍强化学习攻击。

1. 多层强化学习攻击

Dai 等[17]提出的基于强化学习的攻击方法不仅对图分类有效，而且可以破坏节点分类任务。这里，我们主要介绍针对图分类任务的攻击方法。Dai 等[17]利用强化学习选择了用于添加的边。选择过程被建模为有限时域马尔可夫决策过程(MDP)，如图 5.6 所示，MDP 的细节如下。

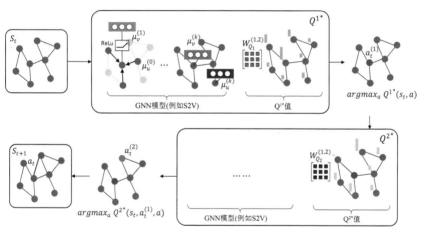

图 5.6 分层强化学习攻击示例

- **动作**：对第 t 步行为，一次操作连边的动作被表示为 $a_t \in V \times V$，其中 V 表示节点集合。
- **状态**：t 时刻的状态 s_t 表示为 $\hat{G}$，$\hat{G}$ 是采取了动作 a_t 后得到的对抗图。
- **奖励**：奖励有助于攻击者误导链路预测模型，因此智能体可以在一次 MDP 过程结束时收到非零奖励，奖励定义如下所示。

$$r(\hat{G}) = \begin{cases} 1 & f(\hat{G}) \neq y \\ -1 & f(\hat{G}) = y \end{cases} \tag{5.29}$$

需要注意的是，在 MDP 过程的终止状态是没有奖励反馈的。除了直接得到的奖励外，攻击者也可以使用分类器的损失值 $\mathscr{L}(\hat{G}, y)$ 作为奖励值。

- **终止状态**：强化学习过程终止于当 m 条连边完成修改时。当连边数量不满足时，这个过程不会停止且会继续修改连边。

强化过程从原始图开始进行，即 $s_1 = G$。整个强化轨迹可以表示为 $(s_1, a_1, r_1, \ldots, s_m, a_m, r_m, s_{m+1})$，其中 s_{m+1} 是终止状态，表示对抗图中已经具有 m 条被修改的连边。注意，最后一步会收到奖励值 r_m 并且其他中间奖励全部为 0，即 $r_t = 0$，$\forall t \in \{1, 2, \ldots, m-1\}$。此外，由于该学习过程是一个有限空间的离散优化过程，文中使用 Q-learning 学习 MDP 过程。

Q-learning 是一种异轨(off-policy)的优化方式，其满足以下贝尔曼优化方程：

$$Q^*(s_t, a_t) = r(s_t, a_t) + \max_{a'} Q^*(s_{t+1}, a') \tag{5.30}$$

上述公式暗示了在迭代过程中采用贪婪策略：

$$\pi(a_t | s_t; Q^*) = \arg\max_{a_t} Q^*(s_t, a_t) \tag{5.31}$$

显然，选择一个节点对的时间复杂度是 $O(|V|^2)$，这无疑将付出极高的成本。为了解决这个问题，一次动作 a_t 被分解为 $a_t = (a_t^{(1)}, a_t^{(2)})$，其中 $a_t^{(1)}, a_t^{(2)} \in V$。也就是说，一次动作被拆成两步，即分别选择两个节点。分层 Q 函数模型构建如下：

$$Q^{*(1)}(s_t, a_t^{(1)}) = \max_{a_t^{(2)}} Q^{*(2)}(s_t, a_t^{(1)}, a_t^{(2)}) \tag{5.32}$$

$$Q^{*(2)}(s_t, a_t^{(2)}, a_t^{(2)}) = r(s_t, a_t = (a_t^{(1)}, a_t^{(2)})) + \max_{a_t^{(1)}} Q^{*(1)}(s_t, a_{t+1}^{(1)}) \tag{5.33}$$

如此，计算复杂度降低为 $O(|V|)$。

上述过程针对特定的某个图。然而，在图分类中，一个数据集会包含 N 个图 $D = (G_i, y_i)_{i=1}^{N}$，这意味着有 N 个 MDP 过程需要设计。为了解决由数据集过大导致的高计算复杂性问题，Dai 等[17]介绍了一种更具有实用性也更具有难度的方法：仅学习一个 Q^*，并且将其用于所有的 MDP 过程。

$$\max_{\theta} \sum_{i=1}^{N} \mathbb{E}_{t,a=\arg\max_{a_t} Q^*(a_t|s_t;\theta)}[r(\hat{G}_i)] \tag{5.34}$$

其中，Q^* 由参数 θ 决定。然后对 Q^* 进行参数化，再将其应用于所有的 MDP 过程。

最灵活的参数化是使用 $2N$ 时间相关的 Q 函数，其中两个不同的参数化足够满足需求。例如，在每一个时间步，$Q_t^{*(1)} = Q^{*(1)}$，$Q_t^{*(2)} = Q^{*(2)}$。攻击者通过影响 GNNs 模型来获得一个一般性的 Q 方程，且这个由 GNNs 模型进行参数化的 Q 方程表示如下：

$$Q^{*(1)} = W_{Q_1}^{(1)} \sigma(W_{Q_1}^{(2)\top}[\mu_{a_t^{(1)}}, \mu(s_t)]) \tag{5.35}$$

其中，$\mu_{a_t^{(1)}}$ 表示节点 $a_t^{(1)}$ 在状态 s_t 下的节点嵌入向量，并且 $\mu(s_t) = \sum_{v \in \hat{v}} \mu_v$。$Q^{*(2)}$ 可以由以下公式进行计算：

$$Q^{*(2)}(s_t, a_t^{(1)}, a_t^{(2)}) = W_{Q_2}^{(1)} \sigma(W_{Q_1}^{(2)\top}[\mu_{a_t^{(1)}}, \mu_{a_t^{(2)}}, \mu(s_t)]) \tag{5.36}$$

2. 实验结果

为了测试强化学习攻击的效果，我们使用了 15 000 个人工合成的 Erdos-Renyi 随机图，并根据它们的结构特征对它们进行标注。我们将随机攻击方法作为对比实验并获取其在不同尺寸的图上的实验结果。实验结果展示在表 5.2 中，我们可以看到强化学习攻击比随机攻击更加有效。此外，当被攻击图的尺寸增加，在相同限制条件下的攻击成功率呈现下降趋势。

表 5.2 通过随机攻击和强化学习攻击生成的原始图和对抗图的结果

攻击方法/数据集	15-20 nodes	40-50 nodes	90-100 nodes
无攻击	94.67%	94.67%	94.67%
Rand attack	78.00%	75.33%	69.33%
RL-S2V	44.00%	58.67%	62.67%

5.3.4 社团检测

社团检测已经引起了人们的高度重视。近年来，随着社团检测算法的快速发展，出现了一个新的具有挑战性的问题，即信息过度挖掘。人们意识到一些隐私信息会被那些社交网络分析工具过度挖掘。为了保护我们的隐私信息不被过度挖掘，可以使用对抗攻击方法来降低深度模型的性能。典型的有几种对抗攻击方法[15,39,40]，我们将详细介绍其中一种，即 Q 攻击[15]。

1. 基于 GA 的 Q 攻击

遗传算法是一种典型的优化算法，在现实中得到了广泛的应用。它主要是根据生物学中的遗传过程设计的。受达尔文生物理论中适者生存原则的启发，遗传算法通过选择、交叉、变异等操作获得了较好的解。遗传算法可以全局搜索最优解，避免陷入局部最优解。此外，遗传算法具有较强的可扩展性，易于与其他算法结合求解。由于其固有的并行性，它可以方便地执行分布式计算。在介绍攻击方法之前，我们首先介绍编码方法和适应度函数，这将极大地影响计算复杂度。

- 编码：每个个体包含两条染色体，即需要删除或添加的连边。这些染色体的长度必须是一致的，因为攻击者通过重连边的方式生成对抗图，这保证了图的尺寸保持不变。
- 适应度函数：模块度是对图中某一关键部分的质量进行衡量的重要指标。这里，适应度函数被定义如下。

$$f = e^{-Q} \tag{5.37}$$

其中，Q 表示模块度指标，该公式表示具有较低模块度的个体会拥有较高的适应度。

基于 GA 的 Q 攻击的整体流程如图 5.7 所示。接下来，我们会对基于 GA 的社团检测攻击进行详细介绍。

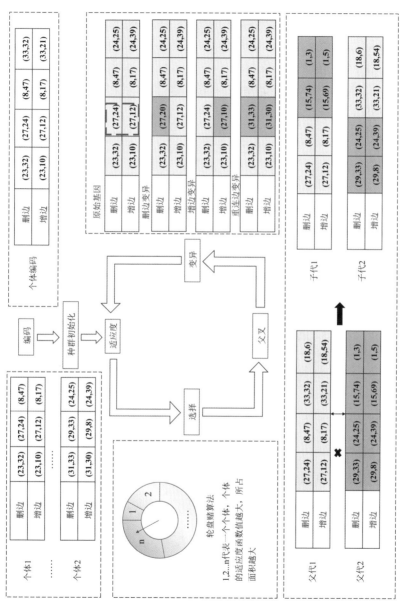

图 5.7　基于遗传算法的 Q 攻击执行过程

- **初始化**: 随机生成固定大小的初始种群。请注意, 攻击者应避免删除边或添加边的冲突, 即不要重复删除或添加边。每个个体都代表了一种攻击解决方案。

- **选择**: 采用轮盘赌方式作为选择方法。因此, 个体的概率与其适应度成正比, 并表示为:

$$p_i = \frac{f(i)}{\sum_{j=1}^{n} f(j)} \tag{5.38}$$

- **交叉**: 攻击者通过排列和组合现有基因生成新的解决方案。攻击中采用了最简单的单点交叉方法, 即随机创建一个断点, 然后在断点后交换基因, 获得两个后代。

- **变异**: 变异试图解决陷入局部最优解的问题。变异方式有 3 种类型: ①删除连边; ②添加连边; ③重连边。

- **精英主义**: 在进化过程中, 父代中具有高适应性的个体可能会被抛弃。精英主义战略就是为了解决这一问题而提出的。例如, 攻击者可以用最好的 10% 的父代替换最差的 10% 的子代, 以保持优秀的基因。

- **终止条件**: 将进化次数设置为常数, 遗传算法在条件满足时停止。

总的来说, 基于 GA 的 Q 攻击主要涉及编码、适应度函数和遗传操作的设计。

2. 实验结果

首先我们简单介绍实验中使用到的社团结构指标。

- **模块度**: 模块度被广泛用于度量图的划分质量, 特别是对于具有未知社团结构的图。模块度 Q 衡量社区内连边的实际连接情况与随机连接相同数量下的预期值之间的差异, 其数学定义如下:

$$Q = \sum (e_{ii} - a_i^2) \tag{5.39}$$

其中, e_{ii} 表示两个节点都在聚类 C_i 内的连边, $a_i = \sum_j e_{ij}$ 表示有一个节点在聚类 C_i 中的连边。

- **归一化互信息(NMI)**：在分析网络社团结构时，它是评估聚类结果质量的另一个常用标准。NMI 的值表示两个社团之间的相似性。当 NMI 等于 1 时，两个社团是相同的。对于两个社团 X 和 Y，它们之间的互信息 $I(X, Y)$ 被定义为两个联合分布 $P(XY)$ 和概率分布 $P(X)P(Y)$ 的相关熵：

$$I(X,Y) = D(P(X,Y))||P(X)P(Y) = \sum_{x,y} p(x,y)\log\frac{p(x,y)}{p(x)p(y)} \quad (5.40)$$

互信息作为一个独立相似度衡量的一个明显的问题是通过分裂簇方式从 Y 中分离出的子结构可能会得到与 Y 相同的互信息。因此，NMI 被提出用来解决上述问题，其定义如下：

$$I_{\text{norm}}(X, Y) = \frac{2I(X, Y))}{H(X) + H(Y)} \quad (5.41)$$

我们在 Polbooks 数据集上执行了基于遗传算法的攻击方法，该数据集具有 105 个节点和 441 条连边，该数据集是基于 Amazon 上出售的美国政治相关书籍构建的。这些节点代表亚马逊网上书店出售的与美国政治相关的书籍，连边表示这些书籍被相同的消费者购买了。采用基于网络映射和编码理论的 Informap 算法对社团进行检测。如图 5.8 所示，通过修改 9 条边，Informap 算法被成功误导了。原始图分为 6 个类别，NMI=0.503，Q=0.523；对抗图分为 8 个类别，NMI=0.471，Q=0.486。原始图中的红色边被删除，而对抗图中的红色边被添加。正如预期的那样，由于适应度设计为最小化 Q，Q 值下降。NMI 值下降，表明基于遗传算法的攻击方法是有效的。它可以削弱社团结构的强度，降低社团检测结果与真实标签之间的相似性。

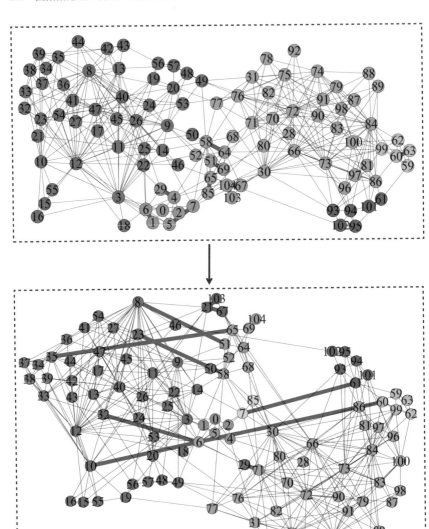

图 5.8　基于遗传算法的 Q 攻击对 Polbooks 数据集的结果。最上面的是原始网络，最下面的代表对抗网络。原始网络中的红色边被删除，而对抗网络中的红色边被添加

5.4　本章小结

近年来，图对抗攻击在图数据挖掘领域引起了广泛关注。在工业界和学术界对算法安全性要求的双重推动下，图对抗攻击有许多值得研究的问题。我们将主要的问题总结如下。

- **统一明确的公式**：目前，针对图的对抗攻击还没有明确的数学公式。现有的研究大多没有明确的解释，这使得后续的研究更加困难。
- **相关的评价指标**：对抗攻击的评估体系尚不健全。大多数研究使用攻击成功率和扰动大小来评估对抗攻击的性能。然而，这两个指标不能完全评估攻击性能。因此，未来需要更多的指标来评估攻击策略的性能。
- **真实网络的攻击**：现有的研究依赖于理想的假设，很难将其应用于实际的复杂场景。例如，我们可以修改重要连边以使攻击有效。根据现有的攻击度量，这种攻击方法是有效果的，但在实际应用中很容易被检测到。此外，当前的攻击策略主要集中在静态网络上，但大多数真实网络会随着时间的推移而变化。因此，我们应该针对动态网络提出更多的对抗攻击方法。
- **"难以察觉"的定义**：在计算机视觉中，如果不能用肉眼区分原始图像和对抗图像之间的差异，则可以认为是难以察觉的。此外，还可以使用一些特殊的距离函数进行计算，如 L_p 范数距离。然而，在图中，如何定义难以察觉或轻微的扰动需要进一步的研究。
- **对抗攻击的难以察觉性**：有人提出了许多对抗攻击来破坏图数据挖掘算法，但我们仍然不理解为什么它们只通过修改网络中的一些连边就能起效。换句话说，关于 GNNs 的可解释性和相关的对抗攻击的研究很少。

我们希望未来能够建立一个完善的对抗攻击评估体系，使得现有的对抗攻击方法可以应用于实际网络，以保护个人隐私。同时，针对对抗攻击的研究也可以帮助我们更好地理解图数据挖掘方法，从而促进图数据挖掘技术的进一步发展。

第 *6* 章

基于图的对抗防御：
提高算法鲁棒性

徐慧玲，甘燃，周涛，王金焕，陈晋音，宣琦

摘要: 近年来，图神经网络(GNNs)在感知任务方面取得了巨大的发展，如节点分类、图分类、链路预测、社区检测等。然而，最近的研究表明，GNNs 非常容易受到对抗性攻击，因此增强此类模型的鲁棒性仍然是一个重大挑战。本章将介绍一些针对图结构数据的最新的典型防御措施，以抵御恶意攻击。更具体地说，我们将从以下 5 个类别来阐述现有的防御工作：对抗训练、图净化、可证明的鲁棒性、注意力机制和对抗检测。我们还将对现有的防御方法进行比较和总结。分析不同种类的防御方法在不同的应用场景中相应的局限性。

6.1 引言

近年来，人工神经网络已经成为人工智能领域的热门话题，并在数据挖掘、机器翻译、图片识别、自然语言处理等相关领域取得了巨大成就。图作为一种强大的表现形式，在现实世界中发挥着越来越重要的作用，并得到了广泛的应用[1]。越来越多的研究人员通过各种手段研究图结构数据，挖掘图的更多价值，在社交网络[2]、电商网络[3]和推荐系统[4]中产生了许多

方便实用的成果。另一方面，图神经网络(GNNs)也引起了广泛的研究兴趣，并在节点分类[5,6]、图分类[7-10]等各种图分析任务中取得了显著的成果。

尽管表现出色，但最近的研究表明，GNNs 对微小但恶意的攻击无能为力[11-15]。Zügner 等[12]提出了一种贪婪算法来攻击半监督的节点分类任务。此方法有意尝试修改图的结构和节点特征，以便可以更改目标节点的标签。Dai 等[16]提出了一种基于强化学习的算法，仅通过修改图的结构来攻击节点分类和图分类任务。此外，Zügner 和 Günnemann[14]在节点分类任务中研究了基于 GNNs 的投毒攻击，其核心是利用元梯度解决投毒攻击的两层优化问题。随着对图结构数据的攻击和防御的发展，越来越多的研究者开始关注图分类模型的鲁棒性。Tang 等[17]研究了层次图集(Hierarchical Graph Pooling，HGP)神经网络的脆弱性，设计了一个由卷积和池化算子组成的代理模型来生成对抗性样本，并欺骗了层次化的基于 GNN 的图分类模型。RL-S2V[16]和 ReWatt[18]是两种基于强化学习的攻击策略，它们都使用 Q-Learning 策略和有限时域马尔可夫决策过程(MDP)作为攻击策略。Zhang 等人[19]受图像领域的启发，提出了基于图的后门攻击方法，并将其引入图分类。更多对抗性攻击策略，请参见本书第 5 章。

为了防御攻击者的恶意攻击，提高模型的鲁棒性，人们提出了不同的防御方法。Bojchevski 等[20]将 PageRank 与 MDP 相结合，以验证包含 GNNs 和传输结构的特征，从而证明可验证的鲁棒性。Zhu 等[21]提出了一种鲁棒(RGCN)模型，该模型通过在隐藏层采用高斯分布并在相邻节点中引入基于方差的识别权重来增强算法。Tang[22]提出了一种防御投毒攻击的 PA-GNN 模型，该模型依靠惩罚机制，通过分配较低的分布系数，直接限制对攻击连边的负面影响。此外，结合优化算法，PA-GNN 的训练使用干净图和相应的对抗图来惩罚干扰，提高了 PA-GNN 在投毒图攻击下的鲁棒性。其他一些工作的目的不是强化或改变模型，而是在操作过程中检测对抗性样本。这些对抗检测模型通过探索对抗连边节点和干净连边/节点之间的内在差异来保护 GNN 模型。Xu 等[23]首先提出了在图数据上寻找对抗样本的检测方法。此外，一种基于图的随机抽样方法[24]研究被引入来检测各种异常生成的模型和对抗攻击。虽然这些检测方法可以有效地检测异常节点，但在面对图分类任务的图对抗攻击时，它们并不适用。

经过仔细研究和探索，我们将现有的对抗性防御方法分为以下 5 类：对抗性训练[25-28]、图净化[29,30]、鲁棒性验证[20,31,32]、注意力机制[21,22]和对抗性检测[23,24,33]。我们将在 6.2 节～6.6 节依次介绍上述 5 种对抗性防御类型，其中每种类型选择两个示例。然后，我们将对当前的防御工作进行比较分析，并在第 7 节总结其贡献。在第 8 节，我们将展示两种防御的实验工作和数据分析。最后，我们在第 9 节总结当前章节。

6.2 对抗训练

对抗训练(Adversarial Training，AT)在图像的攻防领域得到了广泛的应用。对抗训练的核心思想是在正常训练时将对抗样本混合到训练样本中，以提高训练模型的鲁棒性。近年来，出现了几种基于对抗训练的防守方法。受此启发，一些研究将对抗训练引入网络领域，并取得了良好的效果。下面，我们将介绍两种有代表性的对抗性训练方法：图对抗训练[34]和平滑对抗训练[28]。

6.2.1 图对抗训练

虽然图神经网络具有良好的性能，但 Feng 等[34]认为图神经网络容易受到输入特征的微小但刻意的扰动。图 6.1 给出了一个简单且直观的例子来说明扰动如何影响节点及其邻居的分类结果。

对抗训练是一种动态正则化方法，它主动模拟训练阶段的扰动[25]。目前，对抗性训练已被证明能够使神经网络更稳定，增强其对标准分类任务的鲁棒性[26,27]。然而，由于传统的对抗训练没有考虑到连通样本的影响，在图神经网络训练过程中直接使用传统的对抗训练是不够的。

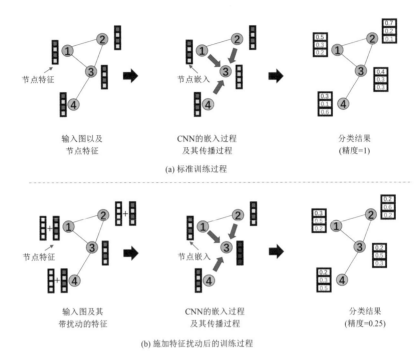

(a) 标准训练过程

(b) 施加特征扰动后的训练过程

图 6.1 对节点特征的扰动如何影响图神经网络预测图[34]

为此，Feng 等提出了一种新的对抗训练方法——图对抗训练(Graph Adversarial Training, GAD)，该方法通过在对抗训练中考虑图形拓扑结构来学习防御扰动。本质上，GAD 可以看作是一种基于图结构的动态正则化方案。他们将 GAD 应用于图卷积网络(GCN)，并证明了具有对抗训练的 GCN 模型比标准训练的 GCN 模型具有更高的分类精度和鲁棒性。在下文中，我们首先介绍了 GAD 的定义，然后给出了结合虚拟对抗正则化的 GADv，它被认为是 GAD 的扩展。

图对抗训练(GraphAT) 源于传统对抗训练的灵感，Feng 等提出了 GraphAT，通过生成对抗样本和优化对抗样本的正则化项来训练图神经网络模型，以防御扰动带来的不利影响。它的独特之处在于它的目标是防止扰动通过节点连接传播。图 6.2 描述了 GraphAT 的训练过程。GraphAT 的公式为：

$$\min: \Gamma_{\text{Graph}\,AT} = \Gamma + \beta \sum_{i=1}^{N} \sum_{j \in ne_i} d\left(f\left(\boldsymbol{x}_i + \boldsymbol{r}_i^{\text{origin}}, G \mid \boldsymbol{\theta}\right), f\left(\boldsymbol{x}_j, G \mid \boldsymbol{\theta}\right)\right)$$

$$\max: \boldsymbol{r}_i^{\text{origin}} = \arg \max_{\boldsymbol{r}_i \|\boldsymbol{r}_i\| \leq \xi} \sum_{j \in ne_i} d\left(f\left(\boldsymbol{x}_i + \boldsymbol{r}_i, G \mid \widehat{\boldsymbol{\theta}}\right), f\left(\boldsymbol{x}_j, G \mid \widehat{\boldsymbol{\theta}}\right)\right) \tag{6.1}$$

其中，$\Gamma_{\text{Graph}\,AT}$ 为训练目标函数，具体包括两项：①基于原始图的标准目标函数 Γ 和②图对抗正则化项。图对抗正则化项最小化对抗样本的分类概率与其连接的正常样本分类概率之间的差异，以此倾向于将对抗样本分类为与其连接的样本一致的类别，θ 表示模型可学习的参数，$d(\cdot)$表示一个非负函数，用于测量两个预测之间的差异(例如 KL[28])。x_i 表示节点 i 的特征，$\boldsymbol{r}_i^{\text{origin}}$ 表示原始图的对抗扰动，它是通过扰动节点 i 的特征而产生的。

通过在模型参数的当前值下最大化图对抗正则化来计算图对抗扰动。ξ 是控制扰动幅度的超参数，通常使用较小的值，其目的是使对抗样本的特征分布更接近正常样本的特征分布。

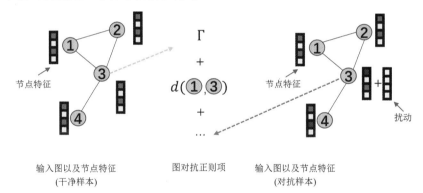

图 6.2 GAD 训练过程示意图，左边是标准目标函数项，右边是新的正则化项[34]

计算扰动r_i^{origin}不是一件容易的事。受 Goodfellow[25]提出的标准对抗训练的线性逼近方法的启发，Feng 等还设计了一种计算 GraphAT 中图形对抗扰动的线性逼近方法，其公式为：

$$r_i^{\text{origin}} \approx \xi \frac{\mathbf{g}}{\|\mathbf{g}\|}, \text{此处} \mathbf{g} = \nabla_{x_i} \sum_{j \in ne_i} D\left(f\left(x_i, G \mid \widehat{\theta}\right), f\left(x_j, G \mid \widehat{\theta}\right)\right) \tag{6.2}$$

其中，g 是输入 x_i 的梯度。由于通过反向传播可以有效地计算 GNN 模型的梯度，这种近似计算提供了更有效的扰动计算方法。$\widehat{\theta}$ 是表示当前模型参数的常量集。

虚拟图对抗训练(GraphVAT) 受虚拟对抗训练的启发，Feng 等进一步设计了一个扩展版本的 GraphAT(GraphVAT)[36]。GraphVAT 的公式为：

$$\min : \Gamma_{\text{GraphVAT}} = \Gamma + \alpha \sum_{i=1}^{N} d\left(f\left(x_i + r_i^v, G \mid \theta\right), \tilde{y}_i\right)$$

$$+ \beta \sum_{i=1}^{N} \sum_{j \in ne_i} d\left(f\left(\boldsymbol{x}_i + \boldsymbol{r}_i^{\text{origin}}, G \mid \boldsymbol{\theta}\right), f\left(\boldsymbol{x}_j, G \mid \boldsymbol{\theta}\right)\right),$$

$$\max : r_i^v = \arg \max_{r_i' \|r_i'\| \leq \xi'} d\left(f\left(x_i + r_i', G \mid \widehat{\theta}\right), \tilde{y}_i\right)$$

$$(6.3)$$

其中，r_i' 表示虚拟对抗性扰动，即导致 x_i 模型预测最大变化的方向。对于带标签节点和无标签节点，$\tilde{y}_i$ 表示真实标签以及模型预测的结果：

$$\tilde{\boldsymbol{y}}_i = \begin{cases} \hat{\boldsymbol{y}}_i, & i \leqslant M \text{（带标签节点）} \\ f\left(\boldsymbol{x}_i, G \mid \hat{\theta}\right), & m < i \leqslant n \text{（无标签节点）} \end{cases} \quad (6.4)$$

在 GraphVAT 训练过程中，每次迭代会产生两种类型的扰动和相关的对抗性例子：1)围绕单个干净样本的预测的平滑性和 2)连接样本的平滑性。考虑到效率，通过功率迭代近似计算 r_i^v，如下所示。

$$\boldsymbol{r}_i^v \approx \xi' \frac{\mathbf{g}}{\|\mathbf{g}\|}, \text{ 此处 } \boldsymbol{g} = \nabla_{\boldsymbol{r}_i} d\left(f\left(\boldsymbol{x}_i + \boldsymbol{r}_i, G \mid \widehat{\boldsymbol{\theta}}, \tilde{\boldsymbol{y}}_i\right)\right)\big|_{r_i = \xi \mathbf{d}} \quad (6.5)$$

其中，d 是随机向量。方法的详细推导参见[36]。

GraphAT 的优势在于它们不会影响 GCN 模型训练过程的收敛速度。同时，经过对抗训练后的模型对图结构的预测更平滑，因此具有更强的泛化能力和鲁棒性。

6.2.2　平滑对抗训练

目前基于对抗训练的算法都将重点放在全局防御上。同时，防御目标节点的攻击仍然是现有对抗性训练方法的挑战。因此，Chen 等[28]提出了平滑对抗性训练来提高 GNN 模型的鲁棒性。

采用对抗性训练方法来增强 GCN 模式的防御能力。特别地，其提出了两种对抗性训练策略：保护所有节点的全局对抗训练(global adversarial training, Global-AT)和保护特定节点的目标对抗训练(target-label adversarial training, Target-AT)。

简单地说，工作主要包括两种对抗性训练方法：Global-AT 和 Target-AT。此外，提出了两种平滑策略：蒸馏平滑方法(Smoothing distillation, SD)和平滑交叉熵损失函数(Smoothing cross-entropy, SCE)。这些方法将在下面详细描述。

全局对抗训练(Global-AT)　Global-AT 在训练过程中迭代生成对抗网络。通过对训练节点集合 $S_{\text{train}} = [v_1, v_2, \cdots, v_m]$ 实施对抗攻击方法来选择对抗连边。具体来说，对于 S_{train} 中的所有节点，按照以下步骤生成对抗邻接矩阵 $\hat{A}^t$。

- **对抗连边的选择**。使用对抗攻击方法选择对抗连边，以最大化 S_{train} 中训练编码器的负交叉熵损失。这些对抗连边表示为矩阵 Λ，其大小与邻接矩阵 A 相同，元素 $\Lambda_{ij} \in \{-1, 0, 1\}$ 表示连边的修改，如果 $\Lambda_{ij}=1$，则在节点 v_i 以及 v_j 之间添加对抗连边；如果 $\Lambda_{ij}=-1$，则删除 v_i 与 v_j 之间的连边；如果 $\Lambda_{ij}=0$，则不会修改 v_i 与 v_j 之间的连边关系。

- **更新对抗网络**。生成对抗邻接矩阵 Λ 之后，更新 $(t-1)$ 轮对抗网络，更新过程定义为

$$\hat{A}_{ij}^t = \hat{A}_{ij}^{t-1} + \Lambda_{ij} \tag{6.6}$$

其中，$\hat{A}_{ij}^t$、$\hat{A}_{ij}^{t-1}$ 和 Λ_{ij} 分别表示为 $\hat{A}^t$、$\hat{A}^{t-1}$ 和 Λ 对应的元素。

目标对抗训练(Target-AT) 与 Global-AT 不同，Target-AT 的核心是仅仅保护带有特定标签的节点。也就是说，给定目标标签 τ_p，攻击方法仅针对具有这些标签的节点集合 $S\tau_p$ 生成一些对抗连边，Target-AT 的剩余步骤与 Global-AT 相同。

蒸馏平滑方法(SD) 正如 Hinton 等[37]所提出的，提取的模型是在转移的数据集上训练的。该集合的标签来自高温模型下的软标签预测。更具体地说，提出的蒸馏模型由两个模块组成：第一个模块用于通过正常训练的模型标记那些未标记的节点，获得的标记称为软标记；第二个是蒸馏模块，它使用数据的软标签而不是真实标签来训练分类器。提出的蒸馏模型能有效提高分类器的鲁棒性。

受蒸馏模型的启发，Chen 等提出了平滑蒸馏(SD)来提高对抗扰动的鲁棒性。与原始的 GCN 分类相比，我们的蒸馏 GCN 模型具有更高的分类精度，有利于移植。同时，通过蒸馏提取的信息将有助于过滤故意添加到网络中的扰动，从而提高模型的鲁棒性。SD 框架如图 6.3 所示。与原有的蒸馏方法不同，SD 保持了 GCN 模型和蒸馏模型相同的模型结构。具体训练过程如下。

- **训练初始 GCN 模型**。对于给定的训练集 $S_{\text{train}}=\{v_1, v_2, ..., v_m\}$ 以及真实标签矩阵 Y，首先用温度为 T 的 softmax 输出层训练初始 GCN 模型，得到 Y' 作为模型的输出置信度。
- **通过软标签编码节点**。使用软标签 Y' 对所有训练节点标签上的置信概率进行编码。
- **训练净化后的 GCN 模型**。基于软标签矩阵 Y' 和真实标签矩阵 Y 共同训练蒸馏模型，并将新的软损失添加到目标函数中。目标函数 L_{all} 由软损失函数 L_s 和原始损失函数 L 组成，定义为：

$$L_{\text{all}} = \frac{T^2 L_s}{T^2 + 1} + \frac{L}{T^2 + 1} \tag{6.7}$$

其中，

$$L_s = -\sum_{l=1}^{|S_{\text{train}}|} \sum_{k=1}^{K} Y'_{lk} \ln(Y''_{lk}) \tag{6.8}$$

其中，Y'' 表示提取的 GCN 模型的输出。注意，在损失函数中，使用带有温度系数 T 的 softmax 函数。

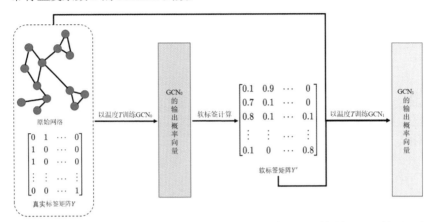

图 6.3　平滑蒸馏的插图。首先，在温度 T 下使用 softmax 输出层训练初始 GCN。然后，通过软标签对训练节点进行编码。最后，用它的训练目标函数训练蒸馏后的 GCN，目标函数由软损失函数和原始损失函数组成

平滑交叉熵损失函数　受模型正则化方法[38]的启发，我们进一步提出了平滑交叉熵损失(SCEL)函数。SCEL 引导 GCN 模型返回对真实标签的高置信度值，同时在错误的标签上给每个节点一个平滑的置信度分布。SCEL 函数定义为：

$$L_{\mathrm{smooth}} = - \sum_{l=1}^{|S_{\mathrm{train}}|} \sum_{k=1}^{K} \hat{Y}_{lk} \ln(Y'_{lk}) \tag{6.9}$$

其中，$\hat{Y}$ 代表平滑矩阵，如果节点 v_l 属于类别 τ_k，那么 $\hat{Y}_{lk} = 1$；否则 $\hat{Y}_{lk} = \dfrac{1}{K}$，$C = \{\tau_1, ..., \tau_k\}$ 为网络中节点的类别集合，K 表示类别的数量，而 Y' 为模型的输出。

总体而言，上述防御方法的优势在于，可以根据攻击者的攻击倾向在全局攻击或目标攻击下进行梯度隐藏。同时防御机制非常灵活，对抗训练

方法和平滑策略可以根据具体情况进行组合，但会在一定程度上损失原始网络的嵌入性能。

6.3　图净化

与对抗训练等其他防御方法不同的是图净化方法通常用于防御投毒攻击。也就是说，它希望被攻击的图可以被净化，以尽可能多地恢复干净的图，用于模型再训练。接下来，我们将通过以下两种具体方法来阐述图净化防御：GCN-Jaccard[29]和 GCN-SVD[30]。

6.3.1　GCN-Jaccard

Wu 等[29]认为由于 GCN 模型强烈依赖图结构和局部聚合，GCN 容易受到攻击。因此，在被攻击图上训练的模型会受到对抗图所形成的模型的攻击面的影响。

他们的防御灵感来自对当前攻击方法特征的观察。首先，修改连边是一种比修改特征更有效的攻击方法。此外，攻击者更倾向于添加连边而不是删除连边；其次，一个节点的邻居越多，它通常就越难被攻击。最后，大多数攻击者倾向于将目标节点连接到具有不同特征和标签的另一个节点。

基于上述观察，Wu 等认为观察节点之间的特征相似性可以评估被攻击的可能性。他们主要引入并使用 Jaccard 相似度评分来评估节点间节点特征的相似度。给定两个具有 n 维二值特征的节点 u 和 v，Jaccard 相似度分数测量 u 和 v 特征的重叠情况。u 和 v 的每个特征可以是 0 或 1。u 和 v 的每个特征组合的总数指定如下。

M_{11} 是节点 u 和 v 的值都为 1 的特征数。M_{01} 是特征的值在节点 u 中为 0 但在节点 v 中为 1 的特征的数量。类似地，M_{10} 是特征的值在节点 u 中为 1 但在节点 v 中为 0 的特征的数量，M_{00} 表示两个节点都为 0 的特征的总数。Jaccard 相似性得分如下：

$$J_{u,v} = \frac{M_{11}}{M_{01} + M_{10} + M_{11}} \tag{6.10}$$

为了验证他们的观点，他们在 CORA-ML 数据集上训练了一个两层的 GCN，并观察节点是否可以高概率地正确分类。对于这些节点，通过观察 FGSM 攻击前后连接节点的 Jaccard 相似度得分的直方图，发现目标节点相似度得分较低的邻居数量因攻击而显著增加。更有意思的是，其他攻击方式也表现出这样的特点，比如 Nettack[12]。

基于以上发现，考虑到防御的效率，Wu 等提出了一种简单有效的防御方法。这种防御模型的核心思想是，干净的节点通常不会连接到与其不相似的节点。

防御过程如下：对于邻接矩阵 A，计算图中连接节点之间的边相似度得分，然后去除相似度得分小于特定值的边。整个防御过程如图 6.4 所示。Jaccard 相似性分数用于衡量相似性分数。注意，不同的数据可以采用不同的相似度评估方法，以获得更好的防御效果。

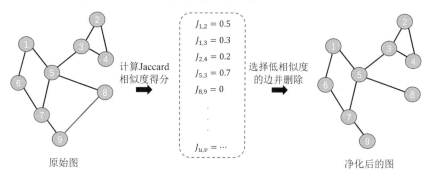

图 6.4 用 Jaccard 的 GCN 模型的防御过程，可称为 GCN-Jaccard

仅删除 Jaccard 相似度得分为 0 的连边，可以达到很好的防御效果。此外，防御机制的时间成本几乎可以忽略不计。他们在 GCN 模型中使用了这种防御机制，在 CORA-ML 和 Citeseer 数据集上的训练时间分别只增加了 7.52 秒和 3.79 秒。另一个优点是启用这种防御机制不会损害正常样本的分类精度。

6.3.2　GCN-SVD

近年来，一些研究表明，许多图攻击方法具有相同的特征。Entezari等[30]发现，一些攻击方法，如 Nettack[12]，可以被认为是高级攻击。他们发现，Nettack 在图的频谱中展示了一个非常具体的行为：只有图的高秩(低奇异值)奇异分量受到影响。因此，他们表明，图的低秩近似(仅使用较大奇异值对应的分量进行重建)可以大大降低 Nettack 的影响，并提高 GCN 在面对敌对攻击时的性能。在他们的研究中，他们探索了对图形数据的投毒攻击，并提出了一种防御攻击的机制，称为 GCN-SVD。这是另一种图净化防御方法。

奇异值分解(Singular Value Decomposition，SVD)是当前最流行的矩阵分解技术之一。奇异值分解可以将一个矩阵分解为秩为 1 的矩阵之和。设 $A \in R^{I \times J}$ 为一个实值矩阵。A 的 SVD 计算如下：

$$A = U \Sigma V^T \tag{6.11}$$

其中，$U \in R^{I \times J}$ 称为左奇异矩阵，$V \in R^{I \times J}$ 称为右奇异矩阵，$\Sigma \in R^{I \times J}$ 为一个非负对角矩阵，例如 $\Sigma_{ij}=\sigma_i$，其中 σ_i 是第 i 个奇异值并且 $\sigma_1 \geqslant \sigma_2 \geqslant \cdots \geqslant \sigma_{\min}(I, J)$。

A 矩阵的 rank-r 近似计算如下：

$$A_r = U_r \Sigma_r V_r^T = \sum_{i=1}^{r} u_i \sigma_i v_i^T \tag{6.12}$$

其中，A_r 是 A 根据 SVD 生成的 rank-r 近似矩阵，U_r 和 V_r 是包含了前 r 个奇异值向量的矩阵，Σ 是仅包含前 r 个奇异值的对角矩阵。

Nettack 所施加的扰动可以被视为高阶扰动。通过观察干净图和对抗图的邻接矩阵的奇异值分解，他们发现奇异值在低秩时非常接近而在高秩时相差甚远。这意味着当我们分解邻接矩阵时，对抗样本的低秩近似与干净样本没有太大区别。为了抵御高秩扰动，他们计算邻接关系的低秩近似值矩阵，该邻接矩阵和特征矩阵根据式(6.12)的 SVD 分解得到。然后用低秩近似矩阵重新训练 GCN。通过选择适当的秩 r，攻击图的 rank-r 近似可以

提高 GCN 的性能，并在干净图上实现接近 GCN 的性能。图 6.5 描述了
GCN-SVD 如何使用奇异值分解来净化对抗图。

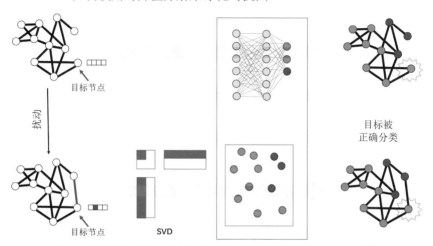

图 6.5　图结构和特征矩阵的低秩近似接种节点分类方法并丢弃扰动[30]

　　他们给出了 SVD 使用低秩近似来净化那些度值小于某个值的节点的
推导。一般来说，rank-r 近似可以检测到对度值小于 $\sigma_r^2 - 2$ 的目标节点的
攻击。Entezari 等人使用不同的 r 值来评估防御效果。通常，$r=10$ 具有更
好的防御性能。

　　GCN-SVD 防御模型只需要对邻接矩阵进行奇异值分解即可实现有效
防御，不需要调整太多参数。但是会在一定程度上降低正常样本的分类准
确率。

6.4　鲁棒性验证

　　鲁棒性验证是防御对抗攻击的有效方法，在此基础上可以证明某些节
点或边在一定的扰动下不会被成功攻击，然后可以利用鲁棒性验证进行训
练，提高模型的鲁棒性。它可以防止数据的微小变化导致 GNN 完全不同
的预测，并证明给定的 GNN 是否稳健。

在本节中，我们关注可验证的鲁棒性。Bojchevski, Jia, Zügner 等[20,31,32]提出的几项工作考虑了 GNN 的安全性并试图证明其鲁棒性。Zügner 等[32]考虑了节点属性的扰动。Bojchevski 等[20]处理了攻击者只改变图结构的情况。它将鲁棒性验证导出为个性化 PageRank 的线性函数，这使得优化易于处理。Jia 等[31]研究了 GNN 其他应用(例如社团检测)的可验证鲁棒性。在本节的其余部分，我们将重点介绍上述 3 种策略。

6.4.1 图结构扰动下的鲁棒性验证

Bojchevski 等[20]提出了一种新方法，用于证明关于图结构扰动的鲁棒性。他们的方法适用于图神经网络和标签/特征传播模型，其预测是个性化 PageRank 的线性函数。他们是第一个在节点分类领域提出鲁棒性验证问题的人。此外，他们还提出了一种鲁棒的训练方法，可以同时提高模型的鲁棒性和准确性。

鲁棒性验证 Bojchevski 等[20]设计了两种策略，一种针对局部预算，另一种针对局部预算和全局预算。局部预算将增删次数限制为单个节点，全局预算将增删次数限制为整个图。

他们为局部预算设计了一种算法，其主要思想是从一个随机策略开始：在每次迭代中，他们首先计算当前策略的状态 s 之前的平均奖励，然后贪婪地选择可以改进策略的顶部 b_v 条边。该算法保证收敛到最优策略，从而收敛到脆弱边缘的最优配置。

同时考虑到全局预算和局部预算，他们开发了一个三步法：①基于辅助图，一个无约束的 MDP 替代方案提出，仅通过增加辅助节点就可以将操作集从指数级减少到二进制级；②用二次约束增加相应的线性规划处理全局预算；③将重构线性化技术(Reformulation Linearization Technique, RLT)松弛应用于得到的二次约束线性规划(Quadratically Constrained Linear Program, QCLP)。

鲁棒性训练 Bojchevski 等人优化了 Wong & Kolter[39]提出的鲁棒交叉熵损失：

$$L_{RCE} = L_{CE}\left(y_v^*, -\boldsymbol{m}_{y_v}^*(v)\right) \tag{6.13}$$

其中，L_{CE} 为基于对数的标准交叉熵损失，y_v^*是节点 v 的预测标签，$m_{y_v}^*(v)$是一个向量，因而其在索引 c 处的值可以表示为$m_{y_v,c}^*(v)$，代表类别 y_v^*和类别 c 之间的最坏情况下的裕度。为了避免 L_{RCE} 在最坏情况下扰动的高置信度产生，使用另一种鲁棒铰链损失函数来进行弥补。攻击者的目的是最小化最坏情况的裕度$m_{y_v,c}^*(v)$(或它的下限)，因此鲁棒性训练会在训练过程中尝试将其最大化，在标准交叉熵损失中加入一个铰链损失惩罚项，具体为：

$$L_{CEM} = \sum_{v \in V_L} \left[L_{CE}\left(y_v^*, \boldsymbol{H}_{v,:}^{diff}\right) + \sum_{c \in C, c \neq y_v^*} \max\left(0, M - m_{y_v,c}^*(v)\right) \right] \quad (6.14)$$

其中，V_L 是标记节点的子集，如果$m_{y_v,c}^*(v) < M$ 且 0，$\boldsymbol{H}_{v,:}^{diff}$ 是所有节点的权重系数组合，则单个节点 v 的第二项为正，否则节点 v 具有鲁棒性并且其裕度至少为 M。

Bojchevski 等[20]的工作已经显示了良好的效果，但他们只考虑了图结构扰动。事实上，许多真实世界的扰动有多种类型。在未来，我们可以在他们工作的基础上考虑节点特征和图结构扰动的鲁棒性。

6.4.2　节点属性扰动下的鲁棒性验证

Zügner 等[32]考虑了节点属性的扰动。他们提出了这样一个问题：在允许的扰动范围内，哪些节点不会发生变化。为了回答这个问题，他们首先对图卷积神经网络和节点属性扰动进行了研究。

证明图卷积网络的鲁棒性　令 $G=(A, X)$是特征图，其中，$A \in \{0,1\}^{N \times N}$ 是邻接矩阵，$X \in \{0,1\}^{N \times D}$ 代表节点特征。我们假设节点编号为 $V=\{1, ..., N\}$。存在子集$V_L \subseteq V$为被标记的节点，其节点标签集合可表示为$C=\{1, 2, ..., K\}$，节点分类的目标是学习一个函数 $f: V \rightarrow C$，能将每一个节点 $v \in V$ 映射到 C 中的对应类别。由于图的特殊性，节点的属性依赖于其周围节点和连边的属性，因此该节点的扰动也受到限制。因此，他们对邻接矩阵 $A \in \{0,1\}^{N \times N}$和节点特征 $X \in \{0,1\}^{N \times D}$ 进行切片，计算出目标节点 t 的输出，最后只需要考虑以下的切片 GNN：

$$\hat{H}^{(l)} = \dot{A}^{(l-1)} H^{(l-1)} W^{(l-1)} + b^{(l-1)}, \quad l = 2, \ldots, L \tag{6.15}$$

$$H_{nj}^{(l)} = \max\left\{\hat{H}_{nj}^{(l)}, 0\right\}, \quad l = 2, \ldots, L-1 \tag{6.16}$$

其中，$H^{(1)} = \dot{X}$。切片 GNN 的输出可表示为 $f_\theta^t(\dot{X}, \dot{A}) = \hat{H}^{(L)} \in \mathbb{R}^K$。而 θ 是所有参数的集合，如 $\theta = \{W^{(\cdot)}, b^{(\cdot)}\}$。

根据上述操作，可以定义最大损失约束：给定图 G、目标节点 t 和一个参数为 θ 的 GNN。令 y 和 y^* 表示节点 t 的类别。在最坏的情况下，限制对节点属性扰动的集合 $X_{q,Q}(\dot{X})$，目标节点在类别 y^* 与 y 之间的分类裕度由下式给出：

$$m^t(y^*, y) := \text{minimize}_{\tilde{X}}\ f_\theta^t(\tilde{X}, \dot{A})_{y^*} - f_\theta^t(\tilde{X}, \dot{A})_y$$
$$\text{subject to } \tilde{X} \in X_{q,Q}(\dot{X}) \tag{6.17}$$

其中，q 表示局部扰动预算，Q 表示全局扰动预算。如果对于所有的 $y \neq y^*$，$m^t(y^*, y)$ 都大于 0，则该 GNN 是鲁棒的。

扰动定义 根据图领域的实际研究情况，他们通过限制对原始属性的更改次数来定义允许的扰动集。可以修改 L-1 跳附近的节点的属性，以改变目标节点的预测，并限制局部扰动的数量：

$$X_{q,Q}(\dot{X}) = \left\{ \tilde{X} \mid \tilde{X}_{nj} \in \{0, 1\} \wedge \|\tilde{X} - \dot{X}\|_0 \leq Q \right.$$
$$\left. \wedge \left\|\tilde{X}_{n:} - \dot{X}_{n:}\right\|_0 \leq q\, \forall n \in N_{L-1} \right\} \tag{6.18}$$

GNNs 的鲁棒性训练 Zügner 等也考虑使用上一节中提出的鲁棒性训练方法来增强 GNN 模型的鲁棒性。为了增强模型的鲁棒性，他们考虑了通常用于训练 GNN 进行节点分类的训练目标，并采用以下方法对模型进行优化：

$$\underset{\theta, \{\Omega^{t,k}\}_{t \in V_L, 1 \leq k \leq K}}{\text{minimize}} \sum_{t \in V_L} L\left(p_\theta^t\left(y_t^*, \Omega^{t,\cdot}\right), y_t^*\right). \tag{6.19}$$

其中，L 是交叉熵函数(对数操作)，V_L 是图中标记节点的集合。y_t^* 表示节点 t 的类标号。为了促进模型预测的真正鲁棒性而不是虚假鲁棒性，他们提出了另一种鲁棒损失，称为鲁棒铰链损失。

$$\hat{L}_M \left(\boldsymbol{p}, y^* \right) = \sum_{k \neq y*} \max \left\{ 0, \boldsymbol{p}_k + M \right\} \tag{6.20}$$

当 $-\boldsymbol{p}_{\theta k}^t = g_{q,Q}^t \left(\dot{X}, \boldsymbol{c}^k, \Omega^k \right) < M$ 时，该损失为正；否则为负。如果损失为零，可证明节点 t 是鲁棒的，甚至在这种情况下确保到决策边界至少 M 的裕度。重要的是，考虑更大的裕度(在最坏的情况下)是没有好处的。将鲁棒铰链损耗与标准交叉熵相结合，得到以下鲁棒优化问题。

$$\min_{\theta, \Omega} \sum_{t \in V_L} \hat{L}_M \left(\boldsymbol{p}_{\theta}^t \left(y_t^*, \Omega^{t,\cdot} \right), y_t^* \right) + L \left(f_{\theta}^t (\dot{X}, \dot{A}), y_t^* \right) \tag{6.21}$$

$$\min_{\theta, \Omega} \sum_{t \in V_L} \hat{L}_{M_1} \left(\boldsymbol{p}_{\theta}^t \left(y_t^*, \Omega^{t,\cdot} \right), y_t^* \right) + L \left(f_{\theta}^t (\dot{X}, \dot{A}), y_t^* \right) + \sum_{t \in V \setminus V_L} \hat{L}_{M_2} \left(\boldsymbol{p}_{\theta}^t \left(\tilde{y}_t, \Omega^{t,\cdot} \right), \tilde{y}_t \right)$$

$$\tag{6.22}$$

式(6.21)是在标记的节点上训练 GNN，式(6.22)是训练所有节点直到它收敛。他们提出的鲁棒训练方法比原始训练方法更有效。根据文中给出的实验结果，在最佳条件下，使用鲁棒训练可以将原始鲁棒性提高 4 倍。

Zügner 等[32]的工作可以训练一个非常鲁棒的模型，但不能提高模型的准确性。如果他们可以同时考虑结构层面的干扰，参考 Bojchevski 等[20]的工作，有可能进一步提高鲁棒训练的效果。

6.4.3　社团检测的鲁棒性验证

社团检测是图领域非常重要的算法，但它容易受到对抗性结构扰动的影响。例如，通过在图中添加或删除一些关键连边，攻击者可以改变社团检测的结果。Jia 等[31]在社团检测中开发了第一个可验证的鲁棒性算法。给定任意社团检测方法，他们使用随机图结构扰动构造了一种新的平滑社团检测方法。他们的方法可以证明，当攻击者添加或删除的边数有界时，给定节点集的预测社团不会改变，并且他们还在具有基本事实社区的多个真实世界的图上评估了他们的方法。

社团攻击检测 Jia 等[31]参考了当前社团检测算法[40-44]的主要攻击方法，并使用了两种典型的攻击方法(裂解攻击和聚合攻击)来验证社团检测鲁棒性。

计算可验证的扰动大小 Jia 等[31]从理论上推导出了平滑函数 g 的验证扰动大小。他们的结果可以概括为以下两个定理：

定理 1. 给定图结构二维向量 x，一个社团检测算法 A 和一个被攻击的节点集合 V_{victim}。假设存在 $\underline{p} \in [0, 1]$，使得

$$\Pr(f(\mathbf{x} \oplus \boldsymbol{\epsilon}) = y) \geq \underline{p} > 0.5 \tag{6.23}$$

其中，$\underline{p}$ 是 f 在随机噪声 ε 下输出 y 的概率 $\Pr(f(\mathbf{x} \oplus \boldsymbol{\epsilon}) = y)$ 的下界，f 是模拟裂解和聚合攻击的函数。如果 r 中的节点被分类到由社团检测算法 $\mathscr{A}$ 检测到的相同社团中，函数 f 输出 1，否则输出 0。Pr 是离散空间 $\{0, 1\}^n$ 中的噪声分布。

定理 2. 对于 $\|\delta\|0 > M$ 的任何扰动 δ，都存在一个社团检测算法 $\mathscr{A}^*$(即函数 f^*)与式(6.23)一致使得 $g(x \oplus \delta) \neq y$ 或存在联系。详细推导请参考原论文。

基于这两个定理，他们设计了一种算法来计算干扰的大小。给定一个图结构二维向量 x、一个社团检测算法 $\mathscr{A}$ 和一个被攻击的节点集合 V_{victim}，该算法的目标是在实践中计算经认证的扰动大小。算法 6-1 展示了他们完整的验证算法。函数 SampleUnderNoise 从噪声分布中随机采样 N 个噪声，将每个噪声添加到图结构中，并计算函数 f 分别输出 0 和 1 的频率。然后，他们的算法估计 y^* 和 $\underline{p}$，y^* 是目标节点的预测标签。基于 $\underline{p}$，函数 CertifiedPerturbationSize 通过求解优化问题 $M = \text{argmax} \|\delta\|0$ 来计算可验证的扰动大小。如果 $\underline{p} > 0.5$，他们的算法返回 $(\hat{y}, M)$，否则返回 ABSTAIN。以下命题显示了我们的验证算法的概率保证。

当攻击者为一组节点添加或移除的边数不大于某个阈值时，Jia 等[31]的方法可以检测到相同的社团(用于裂解攻击)或不同的社区(用于聚合攻击)。他们的方法在 3 个真实数据集上验证了其有效性。然而，他们的方法不能应对所有的情况，未来还需要更多的探索。

算法 6-1　Certify 算法

输入：f, β, x, N, α；

输出：ABSTAIN 或(y^*, L)；

1　$m_0, m_1 = \text{SampleUnderNoise}(f, \beta, x, N, \alpha)$；

2　$y^* = \text{argmax}_{i \in \{0,1\}} m_i$；

3　$\underline{p} = B(\alpha; m_{y^*}, N - m_{y^*} + 1)$；

4　**if** $\underline{p} > 0.5$ **then**

5　│　$M = \text{CertifiedPerturbationSize}(\underline{p})$；

6　│　返回 (y^*, L)

7　**end**

8　**else**

9　│　返回 ABSTAIN

10　**end**

6.5　基于结构的防御

与试图消除干扰的图净化方法不同，基于结构的防御方法主要是通过惩罚对抗连边或节点来训练一个鲁棒的 GNN 模型。这类方法都是学习一种注意力机制，该机制能够将恶意边缘和节点与干净的边缘和节点区分开来，从而降低恶意干扰对 GNN 训练聚合过程的影响。Zhu 等[21]首先假设对抗节点可能具有较高的预测不确定性，因为对抗节点倾向于将目标节点与来自其他社团的节点连接起来。研究工作[22]表明，将具有相似拓扑分布和节点属性的其他干净图的信息添加到目标图中是有益的。我们将在下面详细介绍以下两种方法：惩罚聚合 GNN[22]和鲁棒图卷积网络[21]。

6.5.1　惩罚聚合 GNN

当对抗样本被输入 GNN 模型时，聚合函数往往会将虚假生成的邻居作为正常邻居处理，继续传播该错误消息并迭代更新到其他节点，最终使模型产生错误的输出。如果通过对抗连边的消息能够被成功过滤或者抑制，那么目标模型将几乎不会受到恶意攻击的影响。

基于上述观察，Tang 等人[22]提出了惩罚聚合 GNN(Penalized Aggregation GNN，PA-GNN)，旨在通过探索一个干净的图来提高对投毒攻击的鲁棒性。由于真实世界中的干净图通常是可用的，通过干扰这些干净图来训练对抗检测的能力产生监督知识。然后，PA-GNN 依赖于惩罚聚合机制，该机制通过给扰动连边分配较低的注意力系数来直接限制对抗性扰动。此外，他们还结合元优化算法来实现对目标投毒攻击的有效防御。图 6.6 显示了 PA-GNN 的框架。首先，引入干净的图 $G_1,...,G_m$ 来生成扰动连边。然后将产生的扰动作为监督知识，通过元优化训练 PA-GNN 的初始化。最后，对目标投毒图的初始化进行微调以获得最佳性能。本质上，元优化是用来在适应目标投毒图 g 后保留对抗性攻击的负面影响。

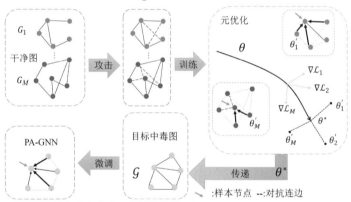

图 6.6　PA-GNN 框架。较粗的箭头表示较高的注意力系数。表示来自元优化的模型初始化[22]

具体地说，首先使用对抗攻击的方法将扰动连边注入干净图中，然后使用这些对抗样本来训练对扰动连边进行惩罚的能力。也就是说，通过对受干扰的连边分配较低的注意力系数，只有很少的信息被传输到其邻居，从而可以减少对抗性干扰的负面影响。然而，由于图具有不同的数据分布，仅使用监督知识和惩罚机制远远不够。因此，他们进一步引入了元学习算法，其目标是为各种学习任务训练一个模型，并有能力在很少或没有监督知识的情况下满足任务的要求。具体地说，每个图被分配一个元优化学习任务，该任务不仅正确地对目标节点进行分类，而且将较低的注意力系数分数分配给相应图的受干扰边缘。

简而言之，使用元学习算法，当可用的训练数据有限时，PA-GNN 可以抵抗恶意攻击。PA-GNN 已被证明对基于节点分类任务的 3 种投毒攻击有效：随机攻击、非目标攻击和目标攻击。

6.5.2 鲁棒图卷积网络

Zhu 等[21]提出了一种新的鲁棒图卷积网络(RGCN)来增强 GCNs 对恶意攻击的鲁棒性。与现有的防御方法不同，它们使用高斯分布作为卷积层中节点的隐藏表示，并根据节点邻域的方差分配注意力权重。同时，RGCN 通过采样过程和正则化明确考虑均值和方差向量之间的数学相关性(见图 6.7)。

他们定义了 $H^{(l)} = [h_1^{(l)}, h_2^{(l)}, \ldots, h_N^{(l)}] = N(\mu_i^{(l)}, \mathrm{diag}(\sigma_i^{(l)}))$ 作为深度学习模型的第 l 层中所有节点的隐藏表示，其中 $h_i^{(l)}$ 是节点 v_i 在第 l 层的隐藏表示。将层次参数和非线性激活函数分别应用于节点 v_i 的均值向量和方差向量，得到如下基于高斯的图卷积层(Gaussian-based Graph Convolution Layer，GGCL)公式：

$$M^{(l+1)} = \rho(\widetilde{D}^{-\frac{1}{2}}\widetilde{A}\widetilde{D}^{-\frac{1}{2}}(M^{(l)} \odot \mathscr{B}^{(l)})W_\mu^{(l)}) \tag{6.24}$$

$$\Sigma^{(l+1)} = \rho(\widetilde{D}^{-1}\widetilde{A}\widetilde{D}^{-1}(\Sigma^{(l)} \odot \mathscr{B}^{(l)} \odot \mathscr{B}^{(l)})W_\sigma^{(l)}) \tag{6.25}$$

其中，W_μ、W_σ 分别是表示均值向量和方差向量的参数。$M^{(l)} = [\mu_1^{(l)}, \ldots, \mu_N^{(l)}]$和$\Sigma^{(l)} = [\sigma_1^{(l)}, \ldots, \sigma_N^{(l)}]$分别表示所有节点的均值和方差矩阵。$\widetilde{A} = A + I_N$，$\widetilde{D} = D + I_N$，$\mathscr{B}^{(l)} = \exp(-\gamma\Sigma^{(l)})$。此外，因为输入特征是向量而不是高斯分布，第一层可以用全连接层表示如下：

$$M^{(l)} = \rho(H^{(0)}W_\mu^{(0)}), \Sigma^{(1)} = \rho(H^{(0)}W_\sigma^{(0)}) \tag{6.26}$$

通过使用高斯分布作为隐藏表示，并为邻域分配基于变量的注意力权重，RGCN 可以减少对抗连边的影响，从而降低对这些不利信息的扰动影响。一方面，RGCN 可以提高 GCNs 在非目标攻击下的鲁棒性；另一方面，无论攻击强度如何，RGCN 的性能始终优于基准方法，这表明其架构可以保护 GCNs 免受各种有针对性的攻击策略。

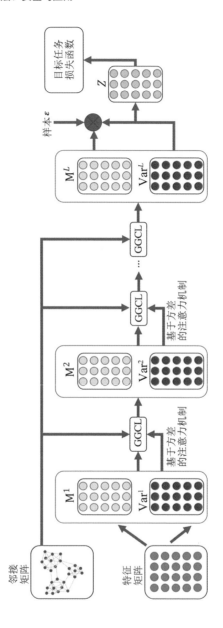

图 6.7　RGCN 框架[21]

6.6 对抗检测

在许多现代化应用中，检测图数据中的异常至关重要，例如标记假新闻、暴露社交网络中的恶意用户、防止电子邮件网络中的垃圾用户以及发现金融中的可疑交易。

Pezeshkpour 等[45]通过知识图的对抗性修改自动检测添加/删除边的影响。此外，他们还研究了知识图表示的可解释性。Xu 等[23]提出了一种新的检测机制，利用链路预测及其变体来检测潜在的恶意连边。Zhang 等[46]提出了一种通过计算节点与其相邻节点的 softmax 概率之间的 Kullback-Leibler 散度(K-L 散度)[35]平均值来检测敌方攻击的方法。Ioannidis 等[24]提出了一种基于图的随机抽样和一致性方法，以有效检测大规模图中的异常节点。上述检测方法虽然能有效发现异常节点，但在面对图分类任务的图对抗攻击时，并不兼容。Chen 等[33]开发了一种基于子图网络 (Subgraph Network, SGN)的图分类对抗样本检测模型。接下来，我们将分别介绍节点分类和图分类任务中的对抗检测方法。

6.6.1 基于节点分类的对抗检测

Zhang 等[46]研究了最近提出的攻击方法对模型的影响，并开发了一种检测方法来检测对抗节点。具体来说，他们首先研究了随机攻击和Nettack[12]对图的深度学习模型，发现这些攻击方法干扰了图的结构。其次，他们还研究了未扰动图和扰动图的统计差异，进一步证明了拓扑扰动比特征扰动更重要。因此，这项工作假设没有特征扰动。

本质上，用于分类的预测逻辑类似于节点嵌入。由于 Nettack 使用节点 v_i 的逻辑，因此他们期望 Nettack 在 v_i 的一阶邻居信息和 v_i 的邻居信息之间产生差异。他们通过平均 v_i 与其邻域的 softmax 概率之间的 K-L 散度差来测量这种差异：

$$\mathrm{pr}_1(i) = \frac{1}{|ne(i)|} \sum_{j \in ne(i)} D_{\mathrm{KL}}(p_i \| p_j) \tag{6.27}$$

其中，p_i 是第 i 个节点的 GCN 输出的 softmax 概率。此外，邻域对的 softmax 概率之间的 K-L 散度用于计算二阶邻域信息：

$$\text{pr}_2(i) = \frac{1}{|ne(i)|(|ne(i)| - 1)} \sum_{j \in ne(i)} \sum_{k \in ne(i)} D_{\text{KL}}(p_j \| p_k) \quad (6.28)$$

作者通过分别为 pr₁ 和 pr₂ 设置阈值 τ_1 和 τ_2 来定义简单的检测测试。给定一个可能被干扰的节点，如果 pr₁ 超过 τ_1 或 pr₂ 超过 τ_2，则该节点被标记为对抗节点。他们进一步利用 Neyman-Pearson 引理[47]为每个数据集设置不同的检测阈值。

零假设分布被建模为正态分布。此外，使用最大似然法拟合未扰动训练数据的高斯分布。将尾部概率与特定目标的假阳性率进行匹配，就能找到合适的检测阈值。具体而言，阈值是通过逆累积分布函数(CDF)计算的。

6.6.2　基于图分类的对抗检测

对于图分类，我们还提出了一个基于 SGN 的对抗检测模型。整体框架如图 6.8 所示。特别地，我们的方法通过评估原始输入特征和转换后的特征来检测对抗性样本。如果原始输入样本的预测值与子图变换后的输入样本的预测值之差超过一定阈值，鉴别器会将输入识别为对抗样本，否则为干净样本。请注意，SGN 的详细描述在第 3 章中提供，我们在此不再介绍。

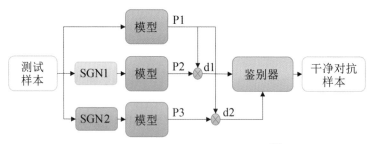

图 6.8　基于 SGN 的对抗检测模型框架[33]

1. 基于 SGN 的对抗样本检测

基于子图网络的对抗样本检测模型的核心是通过比较子图重构前后的样本特征找出区分对抗样本和干净样本的关键点。本质上，干净样本重构前后的预测结果是相似的，相反，如果原始示例和重构示例产生非常不同的预测，则输入很可能是对抗性的。SGN 能够对许多对抗样本进行准确的模型预测，而对干净样本的预测准确性几乎没有降低。

图分类器生成的预测向量通常表示输入样本属于每个可能类别的概率分布。因此，将模型的原始预测值与重构样本的预测值进行比较，换句话说，将对应的两个概率分布向量进行比较。在本工作中，我们选择原始预测向量和重构预测向量的 L_1 范数作为对抗样本和干净样本之间的差异度量指标：

$$d^{(x,x_{\text{sgn}})} = \|P(x) - P(x_{\text{sgn}})\|_1 \tag{6.29}$$

我们也可以尝试用 L_2 范数和 K-L 散度来度量概率分布的差异。$P(x)$ 是由图分类器的 softmax 层中的输入样本生成的输出向量。d 越高，原始预测和基于 SGN 的重构预测之间的差异越显著。事实上，在干净样本的输入下，d 的值被期望尽可能低，在对抗样本的输入下，d 的值被期望尽可能高。这样，很容易找到最合适和最佳的阈值来区分对手样本和法律样本。

2. 联合对抗检测

在现实世界中，即使能够针对特定类型的攻击选择合适有效的基于 SGN 的对抗检测模型，也无法预测攻击者将使用哪种攻击方式来污染样本并攻击模型。为了应对这一挑战，使用多阶 SGN 构建一个联合对抗检测模型，具体来说，计算 $d^{(x,x_{\text{sgn}1})}$ 和 $d^{(x,x_{\text{sgn}2})}$ 之间的最大距离作为攻击样本的衡量指标：

$$d^{\text{joint}} = \max(d^{(x,x_{\text{sgn}1})}, d^{(x,x_{\text{sgn}2})}, \dots) \tag{6.30}$$

目前，联合对抗样本检测可以有效检测绝大多数为图分类任务生成的对抗样本。在实际的联合对抗样本检测模型中，$SGN^{(1)}$和 $SGN^{(2)}$主要用于转换样本特征，因为与高阶 SGNs 相比，它们构造更简单，实现更容易，时间复杂度更低。然而，最大算子的引入往往会导致干净输入样本最具破坏性的特征重构，这将大大提高假阳率(FPR)。

6.7　防御总结

在本章中，我们将比较各种防御方法，并总结其优缺点。

近年来,提高 GNNs 鲁棒性的相对成熟的防御方法主要包括对抗训练、图净化和基于结构的防御方法，而鲁棒性验证和对抗检测仍在蓬勃发展。与其他防御方法相比，基于结构的防御方法主要利用注意力机制来优化和提高模型的鲁棒性。此外，对抗检测与其他防御方法最大的区别在于，它没有直接提高 GNNs 的鲁棒性，而是试图检测被干扰的样本。

如表 6.1 所示，现有的大部分防御工作[20-22,28-30,32,46]都集中在节点分类任务上，其他重要的图数据挖掘任务的研究还很匮乏。具体来说，最近只有少数论文对社团检测[28,31]和图分类[33]的模型鲁棒性进行了研究。因此，提高模型对各种任务的鲁棒性或将现有的防御方法转移到其他任务中具有重要的意义和价值。

时间复杂度在实际应用中具有重要意义。因此，如何在限制训练成本的同时提高模型的鲁棒性也是一个有价值的研究方向。然而，目前的防御方法很少考虑其算法的时空复杂率。一些研究[32,48]已经使用了不同的降维方法来降低成本并实现更高的效率，但是他们的实验没有涉及大规模的图形。另一项工作[49]是在训练过程中对正则化邻接矩阵进行离散化，可以有效地提高效率。

表 6.1 典型防御方法表

方法	类型	目标任务	目标模型	对比方法	度量标准	数据集
RGCN[21]	Structure based	Node classification	GCN	GCN,GAT	Accuracy	Citeseer, Cora, Pubmed
PA-GNN[22]	Structure based	Node classification	GNN	GCN,GAT, PrerProcess, RGCN,VPN	Accuracy	Pubmed, Reddit, Yelp-Small, Yelp-Large
GAT,VAT[23]	Adversarial training	Node classification	GCN	DeepWalk, GCN, GraphSGAN, …	Accuracy	Citeseer, Cora, NELL
Global-AT, Target-AT, SD,SCEL	Adversarial training, Community Detection	Node classification	GNN	AT, GraphDefense	ADR, ACD	Citeseer, Cora, PolBlogs
GCN-Jaccard	Graph Purification	Node classification	GCN	GCN	Accuracy, Classification margin	Citeseer, Cora-ML, PolBlogs
GCN-SVD	Graph Purification	Node classification	GCN, t-PINE	GCN, t-PINE	Accuracy	Citeseer, Cora-ML, PolBlogs
[20]	Robustness Certification	Node classification	PageRank	PageRank	F1 score, Accuracy	Citeseer, Cora-ML
[31]	Robustness Certification	Community Detection	Louvain's method	Louvain's method	certified accuracy	Email, DBLP, Amaz
[32]	Robustness Certification	Node classification	GCN	GCN	Accuracy	Citeseer, Cora-ML, Pubmed
[33]	Adversarial Detection	graph classification	DNN	DNN	F1 score, SAR,FAR, FP,AUC	MUTAG, DHFR, BZR
[46]	Adversarial Detection	Node classification	GCN, GAT	-	Accuracy, Classification margin, ROC,AUC	Citeseer, Cora, PolBlogs
GraphSAC[24]	Adversarial Detection	Anomaly Detection	Anomaly model	GAE Degree, Cut ratio, …	AUC	Citeseer, PolBlogs, Cora, Pubmed

6.8　实验和分析

6.8.1　对抗训练

为了验证平滑对抗训练算法的有效性，我们在两个常见的网络科学任务中进行了测试：节点分类和社区检测。节点分类实验使用了 3 个网络：PolBlogs、Cora 和 Citeseer，对抗攻击方法采用 FGA[1] 和 Nettack[2]。FGA 是一种基于梯度的攻击方法，Nettack 是一种基于增量学习实现的攻击方法，这是两种典型的对抗攻击方法，在 GNN 模型上都取得了很高的攻击成功率。

我们使用平均防御率和平均置信度差异指标来衡量被攻击节点的防御效率，测试集中节点被攻击之前能正确分类。

- **攻击成功率下降值(ADR)**。ADR 反映了有防御和无防御时 GCN 攻击的攻击成功率(ASR)差异，可以计算为：

$$\text{ADR} = \text{ASR}_{\text{atk}} - \text{ASR}_{\text{def}} \tag{6.31}$$

其中，ASR_{atk} 代表没有防御时的攻击成功率，ASR_{def} 是设置防御之后的 ASR。ADR 越高对应更好的防御效果。

- **平均置信度差异(ACD)**。代表 n_{suc} 中节点攻击前后的置信度平均差值，定义如下：

$$\text{ACD} = \frac{1}{n_{\text{suc}}} \sum_{t \in N_s} CD_i(\hat{A}_t) - CD_i(A) \tag{6.32}$$

$$CD_i(A) = \max_{c \neq y} Y'_{i,c}(A) - Y'_{i,y}(A) \tag{6.33}$$

其中，$\hat{A}_t$ 是目标节点 t 的对抗网络，y 是目标节点 t 的真实标签，Y' 是模型输出。ACD 越小表示防御效果越好。

　　首先，我们以 GCN 为基础模型，验证防御方法在节点分类任务中的有效性，并分别报告了 4 种防御方法的 ADR 和 ACD。图 6.9(a)和图 6.9(b)显示了每个数据集中两种攻击方法的平均 ADR%(a)和 ACD(b)。可以看出，Target-AT 在大多数情况下 ADR%最高，ACD 最低，是最优的防御策略。Global-AT 和 SCEL 防御策略的防御效果差别不大，而 SD 在所有防御方法中表现最差。

　　其次，我们结合两种对抗训练策略来扩展 4 种组合防御机制。G-SD 代表 Global-AT 和 SD 技术的联合防御，T-SCEL 代表 Target-AT 和 SCEL 技术的联合防御，其他联合防御同理。图 6.9 (c)和图 6.9(d)报告了这 4 种组合防御和高级防御机制 GraphDefense 的防御结果。可以看出，这些结合对抗训练和平滑策略的组合防御机制可以提高防御效果。我们认为，这是因为两种防御具有互补作用。同时，对于 4 种组合策略，T-SCEL 防御机制的 ADR 最高，ACD 最低。SCEL 在这两种对抗性训练方法中比 SD 有更明显的提升。最后，几乎所有的联合防御方法都优于 GraphDefense，充分展示了联合防御的有效性。

　　最后，验证几种防御方法对社团检测任务的防御效果。使用的数据集是 PolBook 和 Dolphins。PloBook 是在线书商销售的有关美国政治的书籍的联合购买数据集，而 Dolphins 是新西兰 62 只海豚之间的社交网络。我们还使用 FGA 和 Nettack 攻击方法分别攻击了 3 种社区检测算法：DeepWalk、Node2Vec 和 Louvain。此外，我们展示了 8 种防御方法的防御效果：4 种独立防御和 4 种组合防御，并将它们与 GraphDefense 进行比较，如图 6.10 所示。注意，我们只显示了 3 种社区检测算法的平均 ADR。可以发现，独立防御通常无法取得良好的表现。同时，T-SCEL 在大多数情况下都能获得最优的防御效果，这与节点分类的结果一致。

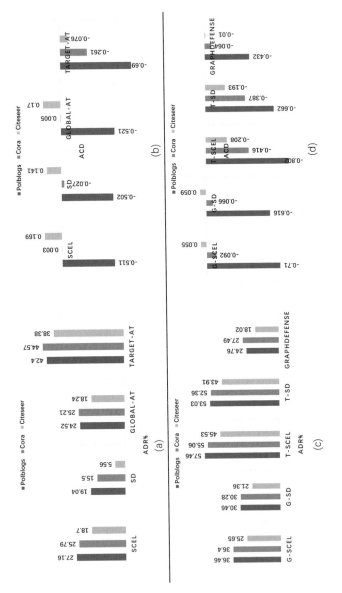

图 6.9　4 种防御方法和 4 种组合防御方法在节点分类任务中的防御结果

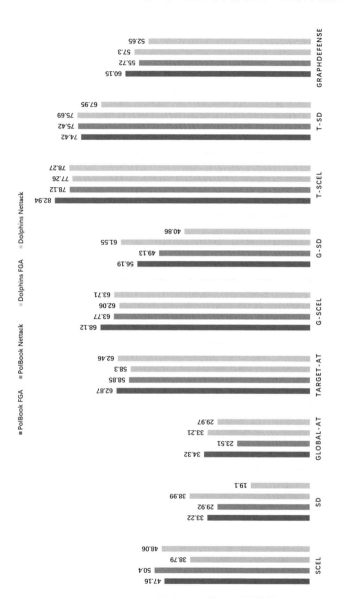

图 6.10　社团检测任务中 4 种防御方法和 4 种组合防御方法的平均防御结果

6.8.2 对抗检测

我们使用以下 5 个最常用的图分类检测数据集：MUTAG、DHFR、BZR、PTC_MR 和 PTC_FM。此外，将随机攻击和梯度攻击用于攻击图分类模型。每个数据集随机分为两组：一组用于训练对抗检测模型，另一组用于验证检测结果。我们使用原始训练数据集生成相同数量的对抗样本，并使用这两种样本集训练检测模型。训练结束后，输入测试数据集(半干净样本，半对抗样本)来验证联合检测模型的准确性。

本质上，检测器的训练阶段是选择一个最佳阈值来区分干净样本和对抗样本。对于一个干净样本，模型的预测和重构样本应该是相似的。相反，如果原始样本和重构样本产生非常不同的预测，则输入为攻击样本。图 6.11 通过比较原始样本和攻击样本之间的预测 d 值直观地证明了这一点。由于样本的预期分布是不平衡的，而且大部分是良性的，因此高精度但假阳率高的检测器对于许多敏感的安全性任务是无用的。因此，我们需要选择低于 7%的误报率作为目标阈值，即选择不超过 7%的合法样本的阈值。训练结束后，我们使用选定的阈值进行测试，分别测量成功对抗样本的检测率 (Detection Rate of Successful Adversarial Sample, SADR)和失败对抗样本的检测率(Detection Rate of Failed Adversarial Sample, FADR)。

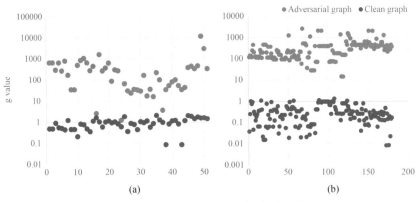

图 6.11 衡量干净输入和对抗性输入的 d 值

如表 6.2 所示，可以看出联合检测器的整体检测性能普遍优于 $SGN^{(1)}$ 检测器，在 MUTAG、BZR 和 PTC_FM 数据集上最为显著，因为它实际上是一阶和二阶 SGN 的综合检测器。在某些情况下，$SGN^{(1)}$检测器可以直接满足 DHFR 数据集梯度攻击和 BZR 数据集强化学习的要求。但在大多数其他情况下，需要建立联合检测系统，因为不同阶的子图网络对于不同的攻击方法和不同的数据集结构具有不同的匹配度，模型操作者不太可能提前知道会使用什么攻击。其次，在所有数据集中成功的对抗样本的检测率都在 80% 以上。虽然 SADR 很高，但 FADR 值却很低。事实上，FADR 并不影响正常的检测工作，因为失败的攻击样本不会干扰图分类的任务。此外，我们的模型的 ROC-AUC 得分很高，证明了我们的检测模型的有效性。

表 6.2　不同类型的对抗检测器在不同数据集上的检测结果

数据集	检测器	随机攻击			梯度攻击		
		SADR	FADR	ROC-AUC	SADR	FADR	ROC-AUC
MUTAG	$SGN^{(1)}$检测器	86.30%	12.13%	89.10%	88.53%	12.52%	90.92%
	联合检测器	**93.65%**	**13.77%**	**95.32%**	**95.28%**	**14.07%**	**97.25%**
DHFR	$SGN^{(1)}$检测器	**82.13%**	**10.65%**	**84.23%**	85.83%	11.53%	87.26%
	联合检测器	82.13%	10.65%	84.23%	**86.20%**	**11.82%**	**88.52%**
BZR	$SGN^{(1)}$检测器	89.64%	16.37%	92.36%	87.33%	13.01%	91.42%
	联合检测器	**96.58%**	**18.57%**	**98.22%**	**94.25%**	**13.57%**	**96.74%**
PTC_MR	$SGN^{(1)}$检测器	80.24%	10.34%	82.53%	**82.44%**	**12.23%**	**85.76%**
	联合检测器	**82.13%**	**10.85%**	**84.71%**	82.44%	12.23%	85.76%
PTC_FM	$SGN^{(1)}$检测器	82.06%	10.54%	84.44%	83.63%	14.29%	85.76%
	联合检测器	**83.68%**	**11.37%**	**85.36%**	**86.44%**	**16.43%**	**87.76%**

* 粗体数值表示在相应的数据集和攻击方法下，具有最佳检测指数的相对最佳检测器。

6.9　本章小结

本章对现有的图对抗防御方法进行了较全面的整理，包括防御策略和相应的评价指标。我们介绍了该领域的最新进展以及攻击策略。此外，我们对防御方法进行了合理的分类，并给出了统一的问题表达方式，使其清晰易懂。在各种典型场景中，我们还总结和讨论了现有防御方法的主要贡献和局限性，以及该领域值得探索的开放性问题。我们的工作还涵盖了图对抗学习领域的大部分相关评估指标，以更好地评估这些防御方法。为了防御节点分类和社团检测的恶意攻击，我们提出了两种对抗性训练策略和两种平滑策略。此外，我们还解决了图分类鲁棒性的挑战，特别是在寻找对抗样本方面。通过大量实验，证明了对抗性训练和对抗性检测方法的有效性。未来，我们将专注于其他更有效、更省时的防御方法，以防御日益复杂多样的攻击方法。

第 7 章

通过网络方法理解以太坊交易

谢昀苡，周嘉俊，王金焕，张剑，盛沄渲，吴嘉婧，宣琦

摘要： 以太坊是全球最大的公共区块链平台之一，为数据挖掘提供了前所未有的机遇。然而，对以太坊交易记录的分析仍处于空白阶段。本章将以太坊交易记录建模为一个复杂网络，并分别通过节点分类和链路预测进一步研究以太坊上的钓鱼检测和交易跟踪问题，从网络的视角实现对以太坊交易的深度理解。具体来说，本章构建时间序列快照网络(Time-Series Snapshot Network，TSSN)，以将以太坊交易记录建模为一个时空网络，并提出动态有偏游走(Temporal Biased Walk，TBW)，以通过交易记录有效地嵌入账户。此外，本章还对各种图嵌入模型进行了详细和系统的分析，并在真实的以太坊交易记录上将提出的方法与这些嵌入技术进行了比较。实验结果证明了提出的 TBW 在学习更多信息表示方面的优越性，这对以太坊网络分析至关重要。

7.1 介绍

区块链是一个开放的分布式账本，可以高效、可验证且永久地记录账户之间的交易[1]。作为最大的基于公共区块链的智能合约平台，以太坊提供了包含丰富历史信息的可用交易记录，这些记录可用于研究以太坊交易。然而，随着区块链技术的快速发展，以太坊已经成为各种网络犯罪的温床[2]。

利用区块链的匿名性，犯罪分子通过向区块链系统注入资金来逃避监管。据报道，以太坊遭受了各种各样的骗局，如黑客攻击、网络钓鱼和庞氏骗局[3]，这些都表明网络犯罪已经成为制约以太坊健康发展的一个严重问题。为了创造良好的投资环境和维护区块链系统的可持续发展，制定有效的监管措施势在必行。

本章重点讨论了对以太坊上两种非法行为的解决方案，即网络钓鱼检测和交易跟踪。近年来，随着电子商务的兴起，网络钓鱼诈骗成为交易安全的主要威胁，因此迫切需要一种有效的检测和防范网络钓鱼诈骗的方法。交易追踪的重点是维护交易安全，它能够识别欺诈团伙，追踪资本流动，追回被盗资金，并改善监管体系。此外，交易跟踪可以帮助普通投资者或加密货币公司检查某些基金或交易是否受到可疑路径的污染或与非法实体有关联。总之，有必要制定有效的监管措施预防犯罪。截至目前，人们已经开始广泛讨论网络钓鱼检测和交易跟踪问题，并提出了许多方法。然而，非法活动在以太坊上的表现不同于传统的场景。传统的非法活动一般依靠钓鱼邮件和钓鱼网站获取用户的敏感信息，因此现有的方法主要集中于如何检测含有钓鱼欺诈信息的邮件或网站[4]，无法直接应用于以太坊上的非法活动检测。

幸运的是，以太坊的所有历史交易记录都可以公开访问，这有助于研究并理解以太坊上的非法问题。本章将以太坊交易记录建模为一个交易网络，以便从网络的角度进一步理解和研究以太坊的钓鱼检测和交易跟踪。通常，在真实世界的各种场景中，网络被作为数据的标准表示。最近，图嵌入作为一种在低维空间中表示节点特征的有效方法，已被广泛应用于网络分析的图分析问题中。这样可以最大限度地保留图的结构信息和图的属性，从而有利于许多下游机器学习任务，如节点分类[5]、链路预测[6]和社区检测[7]等。直观地说，庞大的以太坊交易记录可以建模为一个交易网络，其中一个节点代表一个账户，连接两个节点的边对应着它们之间至少存在一条交易。具体来说，以太坊上的钓鱼检测问题可以建模为一个二分类问题，而在交易网络上进行跟踪和预测可以视为链路预测任务。

近年来，交易网络的研究在图分析[8]、价格预测[9]和反市场操纵[10]等不同的应用领域受到了广泛的关注。通过建立一个月度交易网络，Liang 等[11]

跟踪了 3 种代表性加密货币的动态活动，即比特币、以太坊和 Namecoin。
Wu 等[12]提出了归因于时间异构模体的概念，并进一步利用检测模型解决
了混合检测问题。最近，他们提出了一个名为 trans2vec 的交易网络图嵌入
模型，该模型包含交易金额和时间戳。值得注意的是，该模型有助于检测
网络钓鱼[13,14]和进行交易跟踪[15]，并可应用于交易网络上的其他类似场景。
然而，本章的方法不同于 trans2vec。本章定义了一个名为时间序列快照网
络(TSSN)的时空网络来建模以太坊交易记录，并使连续的快照连接起来，
以减少时间损失。此外，本章还引入动态有偏游走(TBW)学习账户的表示。
对于每个账户，都采用了独特的搜索策略。搜索策略的制定取决于交易数
量、结构转移概率和时间转移概率。在真实的以太坊数据集上进行的各种
实验表明，本章的方法可以有效地学习信息账户表示，并解决钓鱼检测和
交易跟踪问题。

　　本章的其余部分组织如下：在 7.2 节，引入了以太坊交易数据集，并
构建了后续实验需要的网络。在 7.3 节，总结了图嵌入的相关工作。在 7.4
节，给出了基本的定义并介绍了提出的方法。在 7.5 节，使用真实的以太
坊数据进行了广泛的实验，并将提出的方法与几种图嵌入技术进行了比较。
7.6 节对本章进行了总结。

7.2　以太坊交易数据集

　　作为全球最大的公共区块链平台，以太坊的交易记录完全公开[16]，这
为交易网络分析带来了前所未有的机遇。以太坊引入了账户，账户是一个
分配存储空间的地址，这些地址用于记录账户余额、交易和代码等[17]。账
户可以分为两类，即外部账户(External Owned Account，EOA)和合约账户
(Smart Contract，CA)[18]。它们之间的主要区别是 CA 包含可执行的代码文
件；EOA 可以发起和参与交易，而 CA 只能参与交易。本章重点关注 EOA
之间的交易。

　　由于区块链的开放性，研究人员可以独立访问以太坊的交易记录，并
通过 Etherscan 的 API(https://etherscan.io)轻松获取目标账户的历史交易数

据。由于总交易记录的规模非常大，且以太坊交易中的大多数账户并不总是处于活跃状态，因此可能导致建模得到的以太坊交易网络规模非常大且稀疏[19]。所以，我们首先确定目标账户，从以太坊交易记录中获取它们的交易，生成子图用于后续实验。如图 7.1 所示，随机抽取一个中心账户，获取其局部结构信息，然后提取 K 阶子图[20]。K-in 和 K-out 分别是控制从中心向内和向外采样深度的两个参数。由 K 阶子图构建的真实以太坊交易可视化如图 7.2 所示。

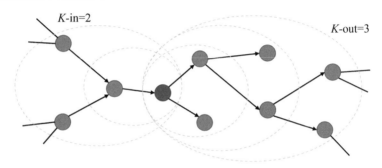

图 7.1　K 阶子图的示意图。中心节点及其本地邻居分别标记为蓝色和橙色

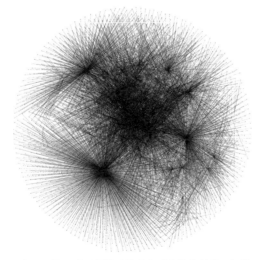

图 7.2　从 K 阶子图构建的真实以太坊交易的可视化

我们通过链路预测和节点分类这两个机器学习任务来研究网络钓鱼检测和交易跟踪问题。在接下来的实验中，从整个以太坊交易记录中收集了4 个不同大小的子图，3 个用于链路预测，1 个用于节点分类。我们随机选择不同中心账户并收集 3 个 K-in=1、K-out=3 的子图以完成链路预测任务。对于节点分类任务，假设网络钓鱼账户的前一个账户可能是受害者，后 3个账户可能是有洗钱行为的桥梁账户。因此，对 445 个有标签的网络钓鱼账户和 445 个无标签的账户(被视为非网络钓鱼账户)分别收集 K-in=1、K-out=3 的子图，然后将它们拼接成一个大规模的网络。这些网络的基本拓扑特征如表 7.1 所示。

表7.1 网络的基本拓扑特征。|V|和|E|分别为节点数和边数, (K)是平均度, 而(C)是聚类系数

	|V|	|E|	(K)	(C)
EthereumG1	2100	6995	6.662	0.211
EthereumG2	5762	9098	3.158	0.112
EthereumG3	10 269	28 431	5.537	0.147
EthereumG	86 622	104 322	2.409	0.038

7.3 图嵌入技术

一般来说，图嵌入方法将图中的节点转化为低维向量表示，并尽可能保留节点的结构信息和拓扑属性[21,22]。在本节中，我们将详细和系统地回顾各种图嵌入方法，并将这些嵌入方法分为 4 类：①基于因式分解的方法；②基于随机游走的方法；③基于深度学习的方法；④其他方法。下面解释这些类别的特点，并总结每个类别的一些有代表性的方法。

7.3.1 基于因式分解的方法

基于因式分解的图嵌入以矩阵的形式表示节点之间的联系，通过分解该矩阵得到节点嵌入。有几种矩阵用于表示节点之间的连接，如节点转移概率矩阵、节点邻接矩阵和拉普拉斯(Laplacian)矩阵等。基于因式分解的方

法随矩阵属性的不同而不同。我们可以对半正定矩阵(如拉普拉斯矩阵)使用特征值分解。对于非结构化矩阵，可以采用梯度下降法在线性时间内得到嵌入。

- 图因式分解(GF)[23]是第一种在 $O(|E|)$ 时间内获得图嵌入的方法。为了得到嵌入，GF 通过最小化损失函数分解图的邻接矩阵：$f(Y, \lambda) = \frac{1}{2}\sum_{(i,j)\in E}(W_{ij}-\langle Y_i, Y_j\rangle)^2+\frac{\lambda}{2}\sum_i\|Y_i\|^2$，其中，$W$ 为权值矩阵，Y 为重构的嵌入矩阵，λ 为正则化系数。总和是指可以观察到的边，而不是所有可能的边，这是可伸缩性的近似值，可能会引入噪声。邻接矩阵一般不具有半正定性，因此即使嵌入维数为 $|V|$，其损失函数的最小值也大于 0。

- HOPE[24]通过最小化 $\|S - Y_s Y_t^T\|_F^2$ 保持高阶邻近度，其中，S 是相似矩阵，如 katz 指标、根页面排序、公共邻居和 Adamic-Adar 分数。相似性度量可以表示为 $S = M_g^{-1}M_l$，其中，M_g^{-1} 和 M_l 为矩阵多项式，分别对应全局网络信息和局部网络信息，且两者都是稀疏的，这使得 HOPE 能够通过广义奇异值分解(SVD)[25]得到有效嵌入。

7.3.2 基于随机游走的方法

随机游走可用于近似图中的许多属性，如节点中心性[26]和相似度[27]。此处，它们还特别适用于观察图形。当图形太大而无法整体测量时，它也很有用。大多数基于随机游走的方法采用神经语言模型(Skip-Gram)[28]进行图嵌入。DeepWalk 和 Node2vec 是在图上使用随机游走获取节点表示的两个经典例子。

- DeepWalk[29]使用截断的随机游走对图中的一组路径进行采样，即均匀采样最后访问的节点的邻居，直到达到最大长度。从图中采样的节点序列(路径)对应语料库中的句子，一个节点对应一个单词。然后，在路径上应用 Skip-Gram 模型，以最大限度地提高基于节点嵌入的邻域观测概率。因此，具有相似邻域的节点很可能共享相似的嵌入。

- Node2vec[30]通过最大化后续节点在固定长度随机游走中出现的概率来保持节点之间的高阶邻近性。Node2vec 使用有偏随机游走来平衡广度优先(BFS)和深度优先(DFS)采样。因此，它可以产生比DeepWalk 更高质量和包含更多信息的嵌入。为了保持社区结构的同质性和节点结构的等价性，需要在 BFS 和 DFS 之间选择一个合适的平衡点。

7.3.3　基于深度学习的方法

深度学习在众多的研究领域都表现出了优异的性能，基于深度神经网络的图嵌入方法层出不穷[31-33]。图卷积网络(Graph Convolutional Network，GCN)通过在图上定义卷积算子，可以解决大型稀疏图计算量大的问题。其中，基于 GCN 的自动编码器得到了广泛的应用，其目的是使编码器和解码器对输出和输入的重构误差最小化。在邻域保持方面，采用自动编码器进行图嵌入的思想类似于节点邻近矩阵分解。本章主要研究基于 GCN 的自动编码器模型。

- GAE[34]是一个使用 GCN 获取节点潜在表示的非概率自动编码器，可以表示为 $Z=\text{GCN}(X, A)$。GAE 可以后接一个简单的内积解码器来重构网络结构，可被描述为 $\hat{A} = \sigma(ZZ^T)$。为了使构造的邻接矩阵尽可能地与原始邻接矩阵相似，定义 $L=E_{q(Z|X,A)}[\log_p(A|Z)]$ 来表示相似度。

- VGAE[34]类似于 GAE，它使用 GCN 编码器和内积解码器。这两个模型依靠 GCN 学习节点之间的高阶依赖关系，它们的输入是邻接矩阵。此外，VGAE 将损失函数定义为 $L=E_{q(Z|X,A)}[\log_p(A|Z)] - KL[q(Z|X, A)\|p(Z)]$，以阐述所构造的邻接矩阵与原始邻接矩阵之间的相似度。实验结果表明，与 GAE 相比，使用变异图自动编码器可以提高编码性能。

7.3.4 其他方法

- LINE[35]保留了局部和全局网络结构，对节点共现概率和条件概率进行建模。它定义了一阶邻近度和二阶邻近度两个函数，并使这两个函数的组合最小化。其中为一阶邻近度设计的目标函数类似于图因式分解(GF)的函数[23]。对于每对节点，LINE 分别使用邻接矩阵和嵌入定义了两个联合概率分布。然后，LINE 最小化这两个分布的 Kullback-Leibler(KL)散度，使嵌入的邻接矩阵和点积接近。同样，二阶邻近度也定义了概率分布和目标函数。

7.4 方法

7.4.1 基本定义

如 7.2 节所述，以太坊的交易记录可以直观地被建模为图 $G=(V, E)$，其中，V 表示账户(节点)集合，E 表示具有交易时间的交易记录(边)。根据时间跨度的不同，可以将时序网络划分为多个快照。因此，为了掌握网络结构的演化信息，不仅要考虑当前时刻的快照，而且要及时考虑临近时间的快照。如果单独使用图的单次快照信息，这种简单的方法不能捕捉到相邻两个快照的相关性信息，会造成时间信息的损失。因此，我们定义了 TSSN 来判定解决方案，并进一步提出了 TBW 来捕捉整个网络的演化。TSSN 的详细说明见图 7.3。然后，我们给出了几个重要的定义，以便于在 7.4.2 节中引入 TBW。

定义 1(TSSN) 给定一个有时间戳的图 $G=(V, E)$，将其分为几个独立的快照 $G_1, \cdots, G_t$，其中 $G_t=(V_t, E_t)$。设 V_t 和 E_t 分别是时间跨度 $[t\epsilon, (t + 1)\epsilon]$ 中快照 G_t 的节点集和边集，其中 ϵ 是时间间隔，时间顺序为 $t \in \{0, 1, 2, \cdots\}$。所有快照按时间(升序)排序，连续快照中相同节点按自连接顺序连接。

TSSN 中的自连接可以连接两个连续的快照，使随机游走可以遍历连续的快照，并捕捉不同快照之间的相关信息，从而获得信息更丰富的嵌入。此外，我们还为每对节点和每两个时间片链接节点之间的边提供了时间可达性。对于 TSSN 中的每条边，定义 $e = (u, v, w, t): \forall e \in E$，$Src(e) = u$, $Dst(e) = v$, $W(e) = w$, $T(e) = t$，其中 u 是源节点，v 是目标节点，w 是边的权重(交易数)，t 是边的时间可达性。设 $\eta_+ : \mathbb{R} \rightarrow \mathbb{Z}^+$ 是根据时间顺序 t 将每个节点映射到索引的函数，例如，对于快照 G_t 中的给定节点 u，有 $\eta_+(u)=i$。因此，每条边 (u, v) 的时间可达性可以表示为 $T(e)= \eta_+(v) - \eta_+(u)$，其中 v 是目标节点，u 是源节点，即当且仅当对应的 $T(e) \geqslant 0$ 时，v 可从 u 访问。然后，按如下方式定义连续的边。

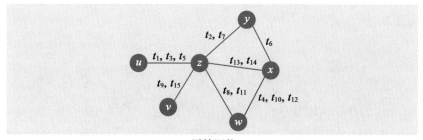

原始网络

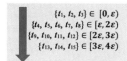

$$\{t_1, t_2, t_3\} \in [0, \varepsilon)$$
$$\{t_4, t_5, t_6, t_7, t_8\} \in [\varepsilon, 2\varepsilon)$$
$$\{t_9, t_{10}, t_{11}, t_{12}\} \in [2\varepsilon, 3\varepsilon)$$
$$\{t_{13}, t_{14}, t_{15}\} \in [3\varepsilon, 4\varepsilon)$$

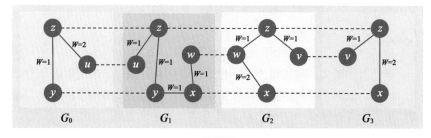

TSSN

图 7.3　TSSN 的详细描述。根据时间跨度将原始网络划分为多个独立的快照，且连续快照中的相同节点连接在 TSSN 中。虚线表示自连接，实线表示同一快照中节点对的连接

定义 2(连续边) 给定一个图 $G=(V, E)$，节点 v 的连续边集合定义如下：

$$L_t(v) = \{e \mid Src(e) = v, \ T(e) \geqslant 0\} \tag{7.1}$$

图 7.4 所示为连续边的示例。考虑一个刚刚穿过边 e_{i-1} 并且正在节点 v_i 处停止的随机游走。通过选择有效的连续边 $e_i \in L(v_i)$ 来决定随机游走的下一个节点 v_{i+1}。这组连续边充当下一个游走的候选者。因此，我们提出了一种由静态边权重、结构转移概率和时间转移概率组成的每条连续边的联合转移概率 $e \in L_t(v)$。根据数据集的特殊性，可以扩展转移概率。例如，在开源软件(Open Source Software，OSS)中，可以根据角色的真实身份提出基于角色的转移概率。

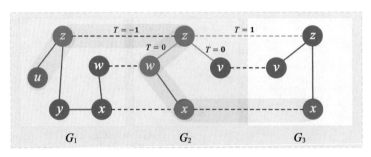

图 7.4   蓝色块表示从 G_1 中的节点 u 开始的游走路径。
节点 z 的可访问边的集合表示为 $L_t(z)$

7.4.2   动态有偏游走

基于上述定义，我们设计了一种二阶邻域采样策略 s 来选择每个节点的可达边。根据节点的静态链路权重、节点标签倾向、结构转移概率和时间信息概率，对网络中的每个节点采用唯一的搜索策略。

传统上，可以对初始节点 v 执行简单的随机游走，让 n_i 表示游走序列 $N_s(v)$ 中的第 i 个节点，从 $n_0=v$ 开始，每个连续边 $e \in L_t(n_i)$ 可以被分配选择概率：

$$P(e) = \frac{W(e)}{\sum_{e' \in L_t(c)} W(e')} \tag{7.2}$$

其中，$W(e)$ 是节点 c 和 x 之间的权重值，$L_t(c)$ 表示节点 c 的有效连续边。在以太坊交易网络中，每个账户的交易数量(边权重)有一些差异。因此，可以使用这种最简单的方法偏置动态随机游走，即静态边权重 $W(e)$ 对下一个节点进行采样。

执行有偏随机游走的最简单方法是根据静态边权重 $W(e)$ 对下一个节点进行采样。然而，这种最简单的随机游走无法解释网络结构，也无法探索整个网络中不同类型的邻居。此外，当网络中的链路相对稀疏时，该策略很容易受到影响。Node2vec[30]提出了一种可以混合使用 BFS 和 DFS 探索邻居的随机游走方法。然而，该策略忽略了可能包含网络结构演变的重要时间信息，故不能对网络进行完整表示。

直观地说，对于给定的节点 v，可以将其一阶邻居分为 3 类：向内节点、向外节点和返回节点。返回节点表示最后游走所选择的节点，向内(或向外)节点表示与返回节点是否有联系。如果该节点与返回节点有联系，则是向内节点，否则是向外节点。不同类型的节点在网络中扮演着重要的角色，因此我们需要在每个节点的下一次游走中考虑节点的角色。此外，在执行游走时，每个节点对的时间可达性很重要，它可以反映网络结构的演变。因此，我们提出了一种二阶随机游走方法。

结构转移概率　我们用返回参数 r 和输入输出参数 q 定义了结构转移概率，类似于 Node2vec[30]。对于连续边 $e \in L_t(c)$，将非归一化结构转移概率设为 $P_S(e) = \alpha(e) \cdot W(e)$，其中

$$\alpha(e) = P(n_{i+1} = x \mid n_i = c) = \begin{cases} 1/q, & d_{tx} = 2 \\ 1, & d_{tx} = 1 \\ 1/r, & d_{tx} = 0 \end{cases} \quad (7.3)$$

其中，d_{tx} 表示最后选择的节点 t 和下一个选择的节点 x 之间的最短路径距离，并且 d_{tx} 必须是 $\{0, 1, 2\}$ 中的一个。值得注意的是，初始输入输出参数 q 和返回参数 r 共同确定每个节点的搜索方向。我们的方法和[30，36]一样，使用返回参数 r 和输入输出参数 q 来控制游走探索和离开起始节点 v 的邻域的速度。因此，我们的方法可以探索更多不同类型的节点，以提高表示能力。

时间转移概率 除了结构特征外，时间信息在节点表示学习中也起着非常重要的作用。当我们按照时间跨度将整个网络划分为不同的时间片时，每个时间片代表了网络结构的一部分，时间片的渐变反映了网络的演化过程。忽略连续时间步长的两个快照之间的相关性信息可能会导致时间信息丢失。因此，我们提出了时间转移概率来捕捉节点在不同快照中的行为变化。在这种情况下，选择每个边 $e \in L_t(c)$ 的概率可以由如下公式给出：

$$P_T(e) = \frac{\varphi(e)}{\sum_{e' \in L_t(c)} \varphi(e')} \tag{7.4}$$

其中，$\varphi(e)$ 表示为

$$\varphi(e) = \begin{cases} \alpha, & T(e) > 0 \\ 1 - \alpha, & T(e) = 0 \end{cases} \tag{7.5}$$

这里，时间偏置 $\alpha(0.1 \leqslant \alpha \leqslant 0.9)$ 决定动态游走是留在当前快照还是转移到下一个快照。

联合转移概率 进一步，将上述结构转移概率和时间转移概率归一化，然后把它们合并。将非归一化转移概率设置为 $P(e)$，然后将其归一化为每条边 $e \in L_t(c)$ 的最终转移概率，其中

$$P(e) = P_S(e) \, P_T(e) \tag{7.6}$$

我们提出了一种二阶邻域采样策略 s，它可以帮助每个节点找到合适的搜索方向，并得到其最优的时间连续边。在联合转移概率中，输入输出参数 q、返回参数 r 和时间偏置 α 共同决定搜索方向。

返回参数 r 主要控制源节点重新访问返回节点的概率。当 r 较低时，它将使游走保持在靠近源节点的位置。另一方面，将其设置为较高的值时，可确保不会游走到已访问过的节点。参数 q 倾向于考虑搜索不同类型的向内和向外节点。当 $q>1$ 时，源节点的下一步游走更倾向于返回源节点，这更像是一种局部探索，类似于 BFS 的做法。当 $q<1$ 时，源节点更有可能远离源节点游走。该方法可以使源节点探索更大范围的节点，这是一种近似 DFS 的行为。通过调整参数 q，在搜索过程中将 BFS 和 DFS 结合起来。总的来说，输入输出参数 q 和返回参数 r 同时控制空间域的搜索方向。时间

偏置 α 决定了时间搜索的方向：留在当前快照还是游走到下一个快照。如果 α 较小，则动态游走更倾向于停留在当前快照中，否则更倾向于游走到下一个快照。这有助于挖掘节点在不同时间段随着网络的变化所发生的变化。这些采样有助于在空间和时间域中搜索各种节点。

7.4.3　学习动态图嵌入

我们的目标是获得映射函数 $\Phi : V \rightarrow \mathbb{R}^d$，它将给定节点映射到 d 维表示。对于节点 $v \in V$，设 $N_s(v)$ 表示根据搜索策略 s 生成的时间邻居集合，$\Phi_t(v)$ 表示快照 G_t 中的节点 v。我们的目标函数是获得给定节点 v 的 d 维表示，并且该函数以节点 v 的表示为条件，最大化节点 v 游走到 $N_s(v)$ 的对数概率和历史嵌入 $\Phi_t(v)$ 的对数概率：

$$\max_{\Phi} \sum_{v \in V} \log(Pr(N_s(v), \Phi_t(v) \mid \Phi(v))) \tag{7.7}$$

假设 $N_s(v)$ 中的时间邻居和节点的历史表示 $\Phi_t(v)$ 是相互独立的。据此，对公式进行因式分解：

$$\log(Pr(N_s(v), \Phi_t(v) \mid \Phi(v)))$$
$$= \log(\prod_{u_i \in N_s(v)} Pr(u_i \mid \Phi(v))) + \log(Pr(\Phi_t(v) \mid \Phi(v))) \tag{7.8}$$

基于网络分析可以看到，观察到源节点的可能性与观察到其他节点无关，并且邻域节点的定义是对称的[30]。因此，我们分解了观察到时间邻居的可能性，并将观察到源-邻居节点对的可能性建模为 Softmax 单元，该单元由它们映射特征的点积参数化。使用随机游走的学习表示方法已被证明可以更好地度量图的邻近性，且能提高性能[21, 37]。因此，在给定学习的节点表示 $\Phi(v)$ 的情况下，使用随机游走来学习游走到节点 u_i 的条件概率，如下所示：

$$Pr(u_i \mid \Phi(v)) = \frac{\exp(\Phi(u_i)\,\Phi(v))}{\sum_{n \in V} \exp(\Phi(n)\,\Phi(v))} \tag{7.9}$$

其中，$u_i \in N_s(v)$ 是节点 v 的第 i 个邻居。在上述假设的基础上，目标函数(7.7)

可以简化为：

$$\max_f \sum_{v \in V} \log\left(\prod_{u_i \in N_s(v)} \frac{\exp(\Phi(u_i)\,\Phi(v))}{\sum_{n \in V} \exp(\Phi(n)\,\Phi(v))} \right)$$
$$+ \log(Pr(f_t(v) \mid f(v))) \tag{7.10}$$

虽然以上内容看似只考虑了网络拓扑属性的变化过程，但实际上它考虑了网络在不同时刻的结构，从而反映了网络拓扑属性的演化过程。由于现实世界网络的非线性特性，我们定义了一种新的搜索策略 s，对给定源节点 v 的不同时间邻居进行采样。时间邻居 $N_s(v)$ 不仅有最近邻居这一特性，还在空间和时间域上同时与源节点具有极大的结构相似性。考虑到目标函数的复杂性，我们采用负采样策略对其进行逼近[38]。我们采用随机梯度下降法(Stochastic Gradient Descent，SGD)[39]迭代更新目标函数。

算法 7-1　时间保持嵌入框架

　　输入：动态图 $G = (V, E)$，返回值 r，输入输出参数 q，时间偏置 α，
　　　　　　时间跨度 ϵ，维度 d，每个节点游走 w，游走长度 l，窗口大小 k

　　输出：$f(v)$，$\forall v \in V$

1　初始化动态游走集合 N_s 为 ϕ；

2　$G' = $ 创建 TSSN(G, ϵ)

3　**for** $iter = 1$ to w **do**

4　　　**for** 所有节点 $v \in V$ **do**

5　　　　　$P = $ 计算联合转移概率(G', r, q, α)

6　　　　　$walk = $ 动态有偏游走算法(G', v, l, P)

7　　　　　将 $walk$ 加入 N_s

8　　　**end**

9　**end**

10　$f = $ 随机梯度下降(k, d, N_s)

11　返回 $\Phi \in \mathbb{R}^{|V| \times d}$

算法 7-2　带动态偏置的游走

　　输入：TSSN G'，开始节点 u，游走长度 l，转移概率 P

　　输出：动态游走 *walk*

1　将 *walk* 初始化为[u]

2　**for** *iter=1 to l* **do**

3　|　*curr = walk*[-1]

4　|　*e*=Alias 节点采样(*curr, p*)

5　|　将 *Dst*(*e*)加到 *walk*

6　**end**

7　返回 *walk*

　　算法 7-1 给出了 TSSN 中时间保持嵌入的伪代码。我们总结了算法 7-2 中的二阶随机游走策略(TBW)。算法 7-1 中的过程推广了 Skip-Gram 结构以学习 TSSN 中的嵌入。TBW 的 3 个阶段，即计算联合转移概率的预处理、随机游走模拟和基于 SGD 的优化是依次执行的。每个阶段都可并行化，并且可以异步执行，这有助于 TBW 的整体可扩展性。此外，由于动态游走可以作为神经网络的输入向量，因此 TBW 可以很容易用于深度图模型。在 TSSN 中有许多随机游走方法可以修改，因为它不依赖于任何特定的方法。

7.5　实验

7.5.1　节点分类

　　网络钓鱼诈骗是随着区块链技术的出现而出现的一种新型网络犯罪。据报道，自 2017 年以来，它占以太坊所有网络犯罪的 50%以上[40]。因此，找出网络钓鱼账户对于维护区块链交易的安全非常重要。我们在以太坊上进行节点分类实验，将有标签的网络钓鱼节点和无标签的节点(视为非钓鱼节点)进行分类。通过将生成的嵌入作为节点特征对节点进行分类，比较了各种嵌入方法的有效性。使用 LIBLINEAR 库将节点特征输入一对多的逻辑回归中。我们将实验重复 5 次并给出了带有置信区间的平均 F1-Score。

1. 评估指标

F1-Score 是测试的准确度的衡量标准，也是精确度和召回率的调和平均数。F1 的最高可能值为 1，表示完美的精确度和召回率。如果精确度或召回率为 0，则 F1 的最低值为 0。它被定义为：

$$F1 = \frac{2PR}{P+R} \tag{7.11}$$

其中，P 和 R 分别表示精确度和召回率。精确度是正确识别的阳性结果的数量除以包括未正确识别的所有阳性结果的数量；召回率是正确识别的阳性结果的数量除以本应被识别为阳性的所有样本的数量。

2. 实验结果

我们随机抽取 10%～90%的节点作为训练数据，并在剩余的节点上评估性能。图 7.5(a)显示了性能，从中可以看出，TBW 的性能明显优于不同测试比率下的基线。TBW 和 Node2vec 具有相似的性能曲线，因为它们都保持了节点之间的同质性和结构等价性，这表明它们在节点分类中是有效的。我们进一步研究了嵌入维数对节点分类的影响，如图 7.5(b)所示，分类性能往往随着嵌入维度数的增加达到饱和或变差。这可能是因为对于更高的维度，这些嵌入方法对已标记的节点过拟合，而不能预测剩余节点的标签。另外，有几个方法的 F1 分值会随着维度数量的增加而增加。这很容易懂，因为更多的维度能够存储更多的信息。我们还观察到 16 维的 LINE 性能最好。这可能是因为嵌入模型不适合更高阶的邻近度。

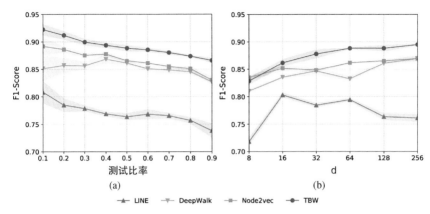

图 7.5 节点分类性能。(a)改变训练测试分割比率时节点的分类 F1-Score 得分(嵌入维度为 128);

(b)改变维度数量时节点分类的 F1-Score 得分(训练-测试分割比率为 50%)

7.5.2 链路预测

链路预测旨在根据观察到的信息预测给定图中出现链路的情况。在本节中,将预测账户交易视为以太坊中的链路预测任务。在实验之前,我们隐藏了网络中一定比例的账户连接,我们的目标是通过链路预测来跟踪这些丢失的连接。首先随机隐藏原始网络中 20%的链路,然后用剩下的链路训练所有的图嵌入模型。测试集由两部分组成:一部分是所有的隐藏边;另一部分是随机抽样的未连接的成对节点,将它们作为负样本。在学习了每个节点的嵌入后,对学习到的成对节点的嵌入向量使用 hadamard[1]算子计算出相应边的特征向量。对于所有的嵌入技术,我们使用一对多(one-vs-rest)逻辑回归分类器进行实验。重复 5 次随机种子实验并给出了实验的平均精度(涉及 AUC 和 Precision 指标)。

1. 评估指标

- **AUC** 可以解释为随机选择的缺失链路比随机选择的不存在的链路被给予更高分数的概率。如果在 n 个独立比较中,缺失链路获得了

---

1 $[f(u) \cdot f(v)]_i = f_i(u) * f_i(v)$.

较高的分数发生了 n' 次，它们获得相同的分数发生了 n'' 次，则 AUC 值为：

$$AUC = \frac{n' + 0.5n''}{n}$$

如果所有分数都是从独立且相同的分布中生成的，则 AUC 值应该约为 0.5。因此，该值超过 0.5 的程度表示算法的性能比纯偶然性好多少。

- 精度(Precision)定义为所选相关项目与所选项目数量的比率。也就是说，如果把前 L 个链路作为预测的链路，其中 L_r 个链路是正确的，那么精度就等于 L_r/L。显然，精度越高，预测准确度就越高。

2. 实验结果

有 128 维嵌入的链路预测实验结果如表 7.2 所示。此外，图 7.6 显示了每个维度的链路预测的平均精度(Average Precision，AP)和 AUC 结果，从中可以看出，嵌入方法的性能高度依赖于数据集和嵌入维度。具体地说，HOPE 在维数较小时表现较好，但在维度增加时表现较差。合理的解释是，该模型在已观察到的链路上过拟合，并且无法预测未观察到的链路。GF 和 LINE 在大多数网络上的性能都很差，这表明保持高阶邻近度不利于预测未观察到的链路。这里，基于随机游走的方法的性能优于其他方法，这表明在以太坊交易网络中，当节点中心性及节点相似性较高时，随机游走更加有用。

表 7.2　128 维嵌入的链路预测性能。最佳结果以粗体标记

指标	以太坊 G_1		以太坊 G_2		以太坊 G_3	
	AP	AUC	AP	AUC	AP	AUC
GF	0.7827	0.6821	0.7377	0.7050	0.7946	0.6662
HOPE	0.7698	0.6578	0.8300	0.7580	**0.8714**	0.8089
LINE	0.7761	0.7521	0.8627	0.8237	0.6371	0.6370
DeepWalk	0.6159	0.6637	0.6138	0.6307	0.7755	0.8024
Node2vec	0.6877	0.7149	0.6939	0.6990	0.8239	0.8501
TBW	**0.8553**	**0.8700**	**0.8898**	**0.8818**	0.8622	**0.8587**

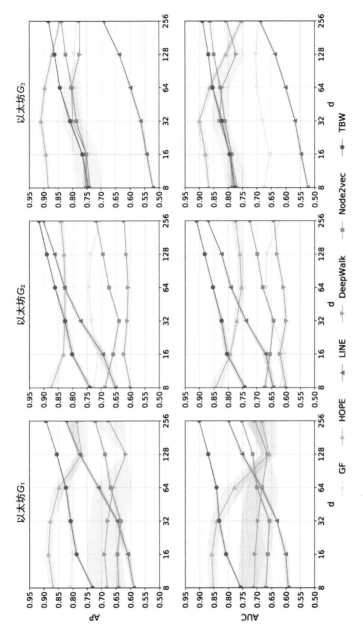

图 7.6 不同维度下不同数据集的链路预测性能

通常，相似性指标用于链路预测，以估计链路存在的可能性。基本相似性指标包括：公共邻居(Common Neighbor，CN)、Jaccard 指标、Adamic-Adar 指标、资源分配(Resource Allocation，RA)指标。这些指标详见 7.7 节。同样，基于 GCN 的方法在链路预测方面也表现出了优异的性能。然而，与基于相似性的链路预测和基于 GCN 的方法相比，我们提出的方法的有效性还有待验证。为了研究该方法的竞争力，我们对各种基于相似性的链路预测方法和基于 GCN 的方法进行了 128 维嵌入的实验。平均精度和 AUC 结果如表 7.3 所示。我们可以观察到，与基于相似性的链路预测方法相比，TBW 获得了一致且更好的性能，这是合理的，因为我们的方法结合了灵活的游走策略，能够更有效地学习节点之间的相似性。

表 7.3 与基于相似性和基于 GCN 的链路预测方法的比较结果。最佳结果以粗体标记

指标	以太坊 G_1		以太坊 G_2		以太坊 G_3	
	AP	AUC	AP	AUC	AP	AUC
CN	0.6907	0.6848	0.5134	0.4921	0.6826	0.6881
Jaccard	0.5088	0.6097	0.4523	0.4588	0.6234	0.6800
AA	0.7367	0.7002	0.5909	0.5099	0.6979	0.6912
RA	0.7378	0.7007	0.5909	0.5099	0.6986	0.6914
GAE	0.7911	0.6752	0.5828	0.3729	0.8703	0.7885
VGAE	0.8179	0.7184	0.6683	0.4719	**0.8934**	0.8278
TBW	**0.8553**	**0.8700**	**0.8898**	**0.8818**	0.8622	**0.8687**

7.6 本章小结

在本章中，我们构建 TSSN 以尽可能保留以太坊交易网络的时间和结构信息，并提出动态有偏游走(TBW)，通过利用从结构属性和时间信息中学习的嵌入来进行网络钓鱼检测和交易跟踪。我们还特地从网络的角度将网络钓鱼检测和交易跟踪转换为节点分类和链路预测问题。此外，我们在现实的以太坊交易网络上实现了所提出的嵌入方法，用于节点分类和链路

预测。我们将提出的方法与许多图嵌入技术进行比较。实验结果证明了我们所提出的 TBW 的有效性，表明 TSSN 可以更全面地反映以太坊交易网络的时间和结构特性。

虽然以太坊的交易记录公开透明，但至今仍然很少被研究。而我们提出的方法对其他实际下游任务的影响还有待验证。在未来的工作中，我们计划应用深度学习方法扩展我们的方法或现有框架，以分析更多的以太坊非法活动，并为以太坊创造一个安全的交易环境。

7.7 附录

相似性指标

- 公共邻居(CN)

定义为[6]：

$$s_{ij}^{\mathrm{CN}} = |\Gamma(i) - \Gamma(j)| \tag{7.12}$$

其中，$\Gamma(i)$ 表示 i 的邻域集合，$|x|$ 是集合 x 的基数。在一般意义上，如果两个节点 i 和 j 有许多公共邻域，则它们更有可能有链路。显然，$s_{ij}=(A^2)_{ij}$，其中 A 是邻接矩阵：如果 i 和 j 直接相连，则 $A_{ij}=1$，否则 $A_{ij}=0$。

- Jaccard 指标(Jaccard)

定义为[41]：

$$s_{ij}^{\mathrm{Jaccard}} = \frac{|\Gamma(i) \bigcap \Gamma(j)|}{|\Gamma(i) \bigcup \Gamma(j)|} \tag{7.13}$$

Jaccard 是一个经典的统计参数，用于比较样本集的相似性或差异性。

- Adamic-Adar 指标(AA)

定义为[42]：

$$s_{ij}^{\mathrm{AA}} = \sum_{z \in \Gamma(i) \bigcap \Gamma(j)} \frac{1}{\log k_z} \tag{7.14}$$

这个指标通过为连接较少的邻居分配更多权重来改进公共邻居的简单计数。例如，大多数人可能认识一位名人，但他们相互之间可能不认识。

● 资源分配(RA)指标

定义为[43]：

$$s_{ij}^{RA} = \sum_{z \in \Gamma(i) \bigcap \Gamma(j)} \frac{1}{k_z} \tag{7.15}$$

RA 指标接近 AA，但对其较高程度的公共邻居的惩罚更大，这是由复杂网络上的资源分配动态所驱动的。在某些情况下，RA 在链路预测方面比 AA 表现得更好。

第 *8* 章

寻找你的餐友：
Yelp 网络案例研究

张剑，夏洁，沈斌达，李来健，王金焕，宣琦

摘要： Yelp 是一个在线点评餐厅和商店网站。用户可以给餐馆打分，并通过文字和照片分享他们的用餐体验。伴随着用户之间的社会关系，Yelp 启用了一个推荐引擎来进行精确的餐厅推荐，这提升了网站的用户体验，也提高了餐厅的收入。在本章中，我们主要通过随机森林(Random Forest, RF)和变异图自动编码器(Variational Graph Auto-Encoder, VGAE)对 Yelp 的好友网络进行推荐。前者集合了多个人工制作的节点相似性指数，而后者可以自动学习网络结构特征。此外，我们构建了一个共同觅食网络来分析 Yelp 上的共同觅食模式并向用户推荐潜在的餐友。实验显示了推荐方法的有效性，并揭示了将链路预测方法用于 Yelp 数据分析的可能性。

8.1 介绍

Yelp[1]成立于 2004 年，是一个用户给餐馆打分和分享餐饮经验的网站。Yelp 不仅限于提供餐厅的信息，Yelp 还提供购物中心、酒店和旅游景点的

---

1 https://www.yelp.com.

信息，涵盖了日常生活的主要方面。根据 Alexa 收集的数据，Yelp 不同平台每月的访问者超过了 1.78 亿，全球评论也有 1.84 亿条，这使 Yelp 成为美国第 44 个访问量最大的网站。顾客根据自己的线下体验给商家打分和详细评论，帮助其他用户以自己的喜好做出决定。而商家可以在网站上介绍他们的特色，如特殊口味，以吸引更多的客户。为了连接用户和本地企业，许多其他网站，如 Foursquare、UrbanSpoon 和大众点评，也提供类似的服务。

Yelp.com 网站具有企业和用户的基本信息数据，包括对企业的评论和用户之间的互动。在这些大量数据的推动下，Yelp 启用了一个推荐引擎，帮助用户找到他们喜欢的服务，并促进注册商家的销售。此外，Yelp 已经举办了 12 轮比赛，即 Yelp 数据集挑战赛，以鼓励研究人员做出学术贡献。一批研究已经在 Yelp 数据集上进行了，其中许多研究集中在评论方面。Yang 等[1]发现文本评论的长度和可读性影响其有用性，而图片评论的各个方面对其兴趣有着积极影响。Huang 等[2]提议根据餐厅评论的子主题来改进餐厅。

除了多样化的文本和图像数据，用户之间的互动以及用户和餐馆之间的互动也很有价值。Cervellini 等[3]提出通过对 Yelp 社会网络中的节点进行排名来寻找 Yelp 上的潮流引领者。潮流引领者被定义为那些在餐厅达到其流行高峰之前对其进行评论的人[4]。他们对自己的朋友有着很大的影响，因此识别潮流引领者有助于餐馆的流行。不仅限于友谊网络，还可以构建不同类型的网络来模拟不同类型的关系。Xuan 等[5]利用餐厅评论的地理数据构建了一个地理觅食网络和口味觅食网络，用以描述食客的觅食行为。Fu 等[6]将用户的朋友和共同觅食行为建模为一个两层网络，并推断出两个用户是否会一起用餐的可能性。Yu 等[7]提出了元路径来进行个性化推荐。这种方法把餐馆、评论、评级和地点也看作节点，不同种类的实体之间的复杂关系就可以被建模为一个异构网络。

事实上，在 Yelp 上做推荐可以被认为是预测两个实体之间的链路。在本章中，我们主要关注两个网络，一个是友谊网络，一个是共同觅食网络，以链路预测的方式进行朋友和餐友的推荐。正如我们在第 2 章中简要回顾的，链路预测可以通过基于相似性指数的方法[8]和基于随机行走的方法[9]来实现。而新出现的图神经网络[10-12]也适用于解决这个问题。在实验中，

我们通过随机森林(RF)组装了 11 个相似性指数来预测上述两个网络中的
链路。同时，我们将其性能与不同的链路预测方法进行比较，包括第 2 章
介绍的 Node2Vec、VGAE 和 HELP。由于 RF 的可解释性，我们进一步研
究了每个相似性指数的重要性，以比较不同指数的有效性。8.4 节中的结果
证明了链路预测在 Yelp 数据集上进行推荐的实用性。

　　本章的其余部分安排如下。在 8.2 节中，我们对 Yelp 数据集和网络的
构建做了详细描述。在 8.3 节中，我们介绍了本章使用的链路预测方法。
8.4 节介绍了朋友和餐友的推荐实验。最后，在 8.5 节中，我们对未来的工
作进行了展望。

8.2　数据描述和预处理

　　在 Yelp 上，每家餐厅的广告都有其名称、位置、联系信息和营业时间。
每家餐厅都有几个标签来显示其特点，并有一个由星星表示的平均分数，
反映了食物和服务的质量。平均分是基于顾客给出的所有评论。商家也可
以在他们的页面上突出一些有用的信息。在图 8.1 中，一家名为 Milk Jar
Cookies 的餐厅被标记为甜点、面包店、咖啡与茶。而且它有 4.5 颗星，总
共有 1575 条评论。

　　评论是由顾客直接发布在餐厅页面上的。图 8.2 给出了牛奶罐饼干的
示例评论。该评论包含了消费者体验的详细描述。文本详细描述了评论者
对食物和服务的感受。此外，对餐厅进行星级评分。除了文字，评论者还
可以附上几张餐厅环境和食物的图片。对餐厅感兴趣的其他用户可以基于
评论对餐厅有更好的了解，而不仅仅是基于餐厅提供的信息。他们会根据
评论的内容给评论打上有用、有趣或酷的标签。除了餐厅信息和评论外，
Yelp 上还提供了用户的个人资料和他们的社交关系。而用户之间的友谊是
我们这里关注的重点。

图 8.1　Yelp 上的餐厅预览

图 8.2　Yelp 上的餐厅评论

　　我们提取了 Yelp Dataset Challenge[1]发布的数据，其中包含 Yelp 上的部分商家、评论和用户数据。在 600 多万条友谊记录中，我们过滤掉历史评论少于 50 条和朋友少于 500 人的用户，以避免不活跃用户的影响。然后，

1　https://www.yelp.com/dataset.

我们通过广度搜索对部分用户进行抽样，并构建一个无定向、无权重的网络，作为本章的一个例子网络。最终的友谊网络如图 8.3 所示，表示为 G_f，由 4030 个用户、37 493 条边组成。

在友谊网络的基础上，我们进一步构建一个觅食网络，其边代表 G_f 中用户之间的共同觅食行为。我们收集了 4030 个用户曾经评论过的所有 31 959 家餐厅。假设地理上越接近的用户越有可能一起吃饭，我们采用基于密度的空间聚类应用(DBSCAN)将这些餐厅按照经纬度分为 11 个聚类。在每个聚类中，我们进一步用 K-Means 划分餐厅，以确保聚类中的餐厅在地理上相互接近。最后我们得到了 71 个餐馆集群。给定两个用户 u 和 v，如果他们是 G_f 中的朋友，并且曾经在一个集群中至少评论过 10 家餐厅，那么他们就是有联系的。在食客的朋友中推荐餐友比较合理。这样，我们就得到了 Yelp 共同觅食网络，用 G_c 表示。显然，G_c 是 G_f 的一个子图，但边的含义不同。G_c 总共由 4030 个节点和 13 014 条边组成。

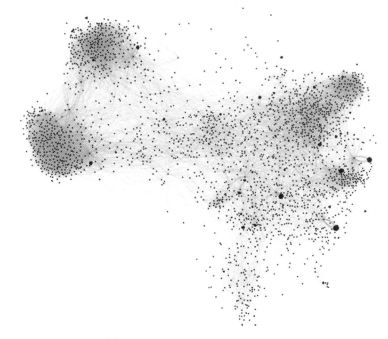

图 8.3　Yelp 上 4030 名用户的好友网络

8.3 链路预测方法

在这一节中，我们简要介绍在 Yelp 数据集上采用的方法。除了我们在前几章中回顾的基于相似度指数的方法和 Node2Vec 之外，建议使用大量的相似度指数进行链路预测。同时，我们使用 VGAE 和 HELP 展示 Yelp 数据集上链路预测的应用。

8.3.1 相似性指数

正如我们在前几章所介绍的，本地 / 全球的相似性指数可以用来推断潜在的链路。例如，我们可以根据两个用户的共同好友来验证他们之间是否存在联系。在本章中，归纳了几个相似性指数，并采用随机森林来推断链路状态。我们使用的相似性指数列于表 8.1。给定一个网络，首先计算每个节点对的 11 个相似性指数，其次将它们串联成一个向量作为相应节点对的特征。最后，采用 RF 模型，将这 11 个相似性指数组合起来，进行链路预测。

表 8.1 相似性指数定义

相似性指数	定义
Common Neighbors (CN)	$s_{ij}^{\mathrm{CN}} = |\Gamma(i) \cap \Gamma(j)|$
Salton Index (SA)	$s_{ij}^{\mathrm{SA}} = \frac{|\Gamma(i) \cap \Gamma(j)|}{\sqrt{k_i \times k_j}}$
Jaccard Index (JAC)	$s_{ij}^{\mathrm{JAC}} = \frac{|\Gamma(i) \cap \Gamma(j)|}{|\Gamma(i) \cup \Gamma(j)|}$
Hub Promoted Index (HPI)	$s_{ij}^{\mathrm{HPI}} = \frac{|\Gamma(i) \cap \Gamma(j)|}{\sqrt{k_i \times k_j}}$
Hub Depressed Index (HDI)	$s_{ij}^{\mathrm{HDI}} = \frac{|\Gamma(i) \cap \Gamma(j)|}{\max(k_i \times k_j)}$
SΦrensen Index (SI)	$s_{ij}^{\mathrm{SI}} = \frac{|\Gamma(i) \cap \Gamma(j)|}{k_i + k_j}$
Leicht-Holme-Newman Index (LHN)	$s_{ij}^{\mathrm{LHN}} = \frac{|\Gamma(i) \cap \Gamma(j)|}{k_i \times k_j}$
Adamic-Adar Index (AA)	$s_{ij}^{\mathrm{AA}} = \sum_{z \in \Gamma(i) \cap \Gamma(j)} \frac{1}{\log(k_z)}$
Resource Allocation Index (RA)	$s_{ij}^{\mathrm{RA}} = \sum_{z \in \Gamma(i) \cap \Gamma(j)} \frac{1}{k_z}$

（续表）

相似性指数	定义
Preferential Attachment Index (PA)	$s_{ij}^{\text{PA}} = k_i \times k_j$
Friends-Measure (FM)	$s_{ij}^{\text{FM}} = \sum\limits_{u \in \Gamma(i)} \sum\limits_{v \in \Gamma(j)} \delta(u, v)$
Local Path Index (LP)	$s_{ij}^{\text{LP}} = (A^2)_{ij} + \epsilon (A^3)_{ij}$

8.3.2 变异图自动编码器

变异图自动编码器[13](VGAE)自动学习网络结构，不需要预定义启发式。与自编码器不同，它对隐藏表示的分布进行正则化，然后从估计的分布中生成数据，而不是直接从隐藏特征中重建。假设网络的隐藏表示服从高斯分布，VGAE 首先通过应用 GCN 将输入网络编码以低维表示，然后学习网络的分布 μ 和 σ。μ 和 σ 分别是隐藏表示的均值和标准方差矩阵。在数学上，该过程可以建模为：

$$h = \text{GCN}(X, A),$$
$$\mu = \text{GCN}_\mu(h, A), \tag{8.1}$$
$$\log \sigma = \text{GCN}_\sigma(h, A)$$

其中，$A \in \mathbb{R}^{N \times N}$，是由 N 个节点组成的网络相邻矩阵，$X \in \mathbb{R}^{N \times D}$ 表示节点特征矩阵，其中节点特征维度为 D。在获得分布后，VGAE 从 $N(\mu, \sigma^2)$ 中抽取特征向量，用 Z 表示。Z 被认为是网络在低维空间中的嵌入。最后，网络的构建方法是：

$$\hat{A} = \text{sigmoid}(ZZ^T) \tag{8.2}$$

该模型通过交叉熵损失和 Kullback-Leibler 发散进行优化，以确保预测的准确性，并保持嵌入服从高斯分布。总的目标函数被定义为：

$$\mathcal{L}_{\text{total}} = L_c - \text{KL}(Z, Z^n)$$
$$= \log(\text{sigmoid}(\hat{A}_{ij})) - \sum_i \sum_j Z_{ij} \log\left(\frac{Z_{ij}}{Z_{ij}^n}\right) \tag{8.3}$$

其中，Z_n 是从 $N(0, 1)$ 提取出来的噪声。

8.4　实验分析

8.4.1　实验设置

我们采用 8.3 节中介绍的两种方法以及第 2 章中提出的 HELP 方法在 Yelp 数据集上结交朋友和进行餐友推荐。此外，我们将这些方法的性能与基于相似性索引的方法和 Node2Vec 进行比较。对于 Node2Vec，我们将嵌入维度设置为 128，超参数 p 和 q 是通过在 $\{0.50,0.75,1.00,1.25,1.50\}$ 上的网格搜索获得的。 对于 VGAE，第一层 GCN 的单元数为 128，GCN_μ 和 GCN_σ 的单元数为 64，学习率为 0.01，训练迭代次数为 200。HELP 的邻居数为 35。

8.4.2　朋友推荐

我们把 Yelp 上的好友关系构建为一个网络，将朋友推荐问题视为链路预测的一个案例。我们随机删除网络中一定数量的边，这些边被认为是潜在的友谊，其余的边用于训练模型。表 8.2 和表 8.3 报告了 9 种链路预测方法在 Yelp 友谊网络中的表现。

表 8.2　朋友推荐在 AUC 指标的表现(最好的结果用粗体表示)

	40%	50%	60%	70%	80%	90%
CN	0.6769	0.8252	0.7642	0.7962	0.8230	0.8406
SA	0.6728	0.7254	0.7568	0.7891	0.8174	0.8228
JAC	0.6748	0.7238	0.7612	0.7886	0.8162	0.8312
HPI	0.7903	0.8067	0.8122	0.8239	0.8351	0.8363
HDI	0.8126	0.8142	0.8188	0.8238	0.8266	0.8212
SI	0.8185	0.8312	0.8346	0.8401	0.8435	0.8379
LHN	0.8393	0.8426	0.8430	0.8492	0.8523	0.8473
AA	0.6728	0.7260	0.7628	0.7980	0.8189	0.8438

(续表)

	40%	50%	60%	70%	80%	90%
RA	0.6719	0.7279	0.7650	0.7992	0.8256	0.8314
FM	0.6744	0.7261	0.7646	0.7995	0.8233	0.8445
LP	0.8052	0.8434	0.8639	0.8846	0.8990	0.9091
RF	0.8000	0.8446	0.8686	0.8867	0.9000	0.9015
N2V	0.8604	0.8732	0.8845	0.8965	0.9057	0.9078
VGAE	**0.8900**	**0.9262**	0.9144	0.9031	0.9062	0.8986
HELP	0.8801	0.9016	**0.9178**	**0.9289**	**0.9350**	**0.9396**

表 8.3　朋友推荐在 AP 指标的表现(最好的结果用粗体表示)

	40%	50%	60%	70%	80%	90%
CN	0.6750	0.7227	0.7610	0.7944	0.8209	0.8388
SA	0.6566	0.7044	0.7334	0.7668	0.7942	0.8102
JAC	0.6612	0.7047	0.7415	0.7689	0.7922	0.8144
HPI	0.7859	0.8059	0.8135	0.8277	0.8390	0.8446
HDI	0.8004	0.8045	0.8096	0.8157	0.8196	0.8131
SI	0.8220	0.8271	0.8305	0.8369	0.8409	0.8350
LHN	0.8412	0.8462	0.8446	0.8508	0.8554	0.8499
AA	0.6703	0.7243	0.7622	0.7982	0.8190	0.8443
RA	0.6707	0.7284	0.7663	0.8008	0.8246	0.8430
FM	0.6750	0.7273	0.7647	0.7955	0.8215	0.8436
LP	0.8041	0.8438	0.8652	0.8865	0.8994	0.9137
RF	0.7989	0.8452	0.8691	0.8863	0.9032	0.9037
N2V	0.8738	0.8835	0.8921	0.9032	0.9169	0.9141
VGAE	**0.9082**	**0.9464**	**0.9344**	0.9283	0.9213	0.9201
HELP	0.9020	0.9189	0.9321	**0.9410**	**0.9451**	**0.9497**

当 90%的边被用于训练时，所有的方法都有相对较好的性能。可以预

见的是，由于缺乏高阶网络结构，基于相似性指数的方法与基于随机漫步的方法和深度学习模型相比没有竞争力。尽管 RF 集合了 11 个相似性指数，与单一相似性指数相比，性能有所提高，但它仍然不如 N2V、VGAE 和 HELP，尤其在只使用少量边进行训练的时候。

此外，所有方法的性能都随着训练边数的增加而提高。这种改善在基于相似性指数的方法中尤为明显，而 N2V、VGAE 和 HELP 的性能则相对稳定。这再次证明了这 3 种方法的有效性。而且我们发现，当训练边的百分比小于 50% 时，VGAE 的表现比 HELP 好；而当训练边数增加时，HELP 的表现比 VGAE 好。我们认为，HELP 需要更多的邻居节点来构建稀疏网络中的超子结构网络。然而，VGAE 在整个网络中学习网络结构特征，因此不存在这个问题。当 90% 的边被用于训练时，描述网络特征的能力使HELP 超过了其他方法。

除了对链路预测性能的比较，我们还研究了 RF 中的 11 个特征的重要程度，看看哪个相似性指数最重要。如图 8.4 所示，LP 在 G_f 的链路预测中最重要，也是最有效的相似性指数。而我们发现，性能较差的 FM 在 RF 模型中是第二大特征，说明它在一定程度上对 LP 有补充作用。

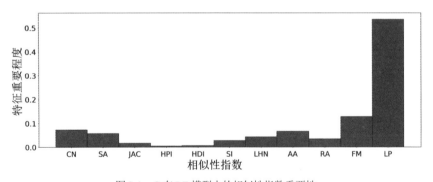

图 8.4　G_f 在 RF 模型中的相似性指数重要性

8.4.3　共同觅食的预测

在这个实验中，我们研究了 Yelp 的协同觅食网络 G_c 来进行餐友推荐。所采用的方法与我们在 8.5.1 节所做的相同。如表 8.4 和表 8.5 所示，基于相似性指数的方法仍然不是那么有效,但 SA 在 G_c 的链路预测中排名第一。然而,LP 在相似性指数集合中的权重最大,SA 位居第二,这与图 8.5 中的结果相吻合。令人惊讶的是,与其他方法相比,VGAE 的性能有所下降,RF 在某些情况下表现最好。这可能是由于网络结构的变化增强了 SA 和 LHN 等特定相似性指数的功能。这两个指数在 G_c 的链路预测中的权重比在 G_f 的链路预测中的权重高。

表 8.4　共同觅食预测在 AUC 指标的表现(最好的结果用粗体表示)

	40%	50%	60%	70%	80%	90%
CN	0.6619	0.7266	0.7642	0.7756	0.8007	0.8636
SA	0.8970	0.9064	0.7568	0.9112	0.9053	0.9117
JAC	0.8679	0.8737	0.7612	0.8775	0.8725	0.8777
HPI	0.8586	0.8687	0.8842	0.8882	0.8942	0.9025
HDI	0.8526	0.8583	0.8571	0.8562	0.8504	0.8621
SI	0.8744	0.8776	0.7720	0.8763	0.8713	0.8821
LHN	0.8975	0.9011	0.9028	0.9034	0.9003	0.9069
AA	0.6649	0.7306	0.7628	0.7719	0.8041	0.8539
RA	0.6676	0.7282	0.7650	0.7764	0.8032	0.8392
FM	0.6682	0.7265	0.7705	0.8020	0.8020	0.8479
LP	0.8045	0.8529	0.8748	0.8950	0.8950	0.9078
RF	**0.9150**	**0.9254**	0.8686	0.9296	0.9379	0.9431
N2V	0.8880	0.9032	0.8845	0.9085	0.9221	0.9328
VGAE	0.7933	0.8242	0.9144	0.8557	0.8772	0.8954
HELP	0.9146	0.9254	**0.9178**	**0.9335**	**0.9412**	**0.9497**

表 8.5　共同觅食预测在 AP 指标的表现(最好的结果用粗体表示)

	40%	50%	60%	70%	80%	90%
CN	0.6610	0.7249	0.7746	0.7995	0.8300	0.8626
SA	0.8954	0.9052	0.9107	0.9082	0.9183	0.9161
JAC	0.8550	0.8668	0.8699	0.8654	0.8747	0.8753

（续表）

	40%	50%	60%	70%	80%	90%
HPI	0.8384	0.8545	0.8735	0.8790	0.8860	0.8967
HDI	0.8526	0.8429	0.8458	0.8441	0.8387	0.8557
SI	0.8744	0.8679	0.8703	0.8693	0.8648	0.8794
LHN	0.8975	0.8978	0.9015	0.9001	0.8986	0.9053
AA	0.6628	0.7294	0.7709	0.8038	0.8249	0.8534
RA	0.6680	0.7284	0.7764	0.8031	0.8346	0.8414
FM	0.6682	0.7273	0.7714	0.8000	0.8347	0.8484
LP	0.8045	0.8521	0.8751	0.8943	0.9077	0.9086
RF	**0.9218**	**0.9306**	**0.9372**	**0.9461**	**0.9513**	**0.9508**
N2V	0.9022	0.9135	0.9148	0.9250	0.9328	0.9372
VGAE	0.8561	0.8787	0.9002	0.9142	0.9215	0.9265
HELP	0.8959	0.9066	0.9163	0.9273	0.9332	0.9376

　　集合相似性指数，RF 不仅有效，而且可以解释。与 VGAE 和 HELP 不能解释预测结果不同，RF 能够解释为什么模型会做出这样的决定。

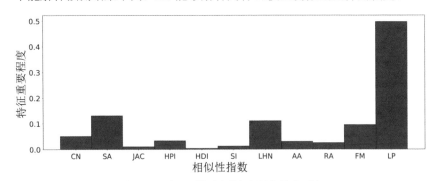

图 8.5　G_c 在 RF 模型中的相似性指数重要性

8.5　本章小结

在本章中，我们介绍了链路预测在 Yelp 友谊网络和共同觅食网络上的应用。结果表明，网络分析在处理社会商业数据方面有很大的潜力。朋友和餐友的推荐可以改善 Yelp 的用户体验和参与度，从而导致网站甚至餐厅的收入提升。将网络分析技术引入 Yelp 等网站的推荐中具有广阔的技术前景和较高的商业价值。在这个应用中，我们主要使用网络结构进行链路预测。许多其他的属性，如评论和用户的资料，也可以整合到我们在 8.3 节提出的方法中，这可能会导致更好的性能。而将 Yelp 建模为一个异质网络或一个时间网络可能是分析这种大数据的一个更合适的方法，这可以在未来的工作中进一步研究。

第 *9* 章

基于图卷积循环神经网络的 交通流量预测深度学习框架

徐东伟，戴宏伟，宣琦

摘要： 由于道路交通网络具有复杂的空间依赖性和时变的交通流量数据，对于道路交通的流量预测仍是城市交通管理的主要挑战。在这项工作中，我们提出了一种图卷积循环神经网络(GCRNN)的新型交通流预测方法来应对这一挑战。首先，我们将道路网络构建成拓扑图，并利用图嵌入建立模型。其次，使用 GCN 模型来学习道路的相互作用以捕捉空间依赖性，并使用长短期记忆神经网络(LSTM)学习交通数据的动态变化以捕捉时间依赖性。最后，采用悉尼自适应交通控制系统(SCATS)采集到的数据，在一个具有典型交叉路口的杭州交通网络上进行了实验。实验结果表明，我们的模型在不同的预测误差度量下均具有良好的性能。

9.1 研究背景

道路交通流量的预测一直是交通管理系统中的关键组成部分，因为交通情况的好坏直接影响着城市的可持续发展[1,2]。例如，交通发生拥堵通常是车辆的聚集造成的，这会直接影响城市的交通状况和城市户外活动的开展。对交通流量的高精度预测可以帮助我们避免一些严重的交通事故[3,4]。

悉尼自适应交通控制系统(SCATS)是在世界范围内被广泛使用的交通管理系统，其对于交通流量的有效预测也得到了广泛的关注。

交通数据通常包含空间位置信息和时间动态信息。由于道路的交通数据受其上下游道路的影响很大，我们需要在交通预测的过程中考虑空间因素。此外，某个时间的交通数据还取决于前一时间间隔和后一时间间隔的交通状态，因此交通数据还具有时间相关性，在对其进行预测时我们还需要考虑其时间相关性。

关于交通流量预测的研究已经进行了相当长的时间，交通流量预测的方法也有很多。早期的研究大多利用统计模型对交通流量进行预测，如自回归移动平均(ARIMA)模型[5]、卡尔曼滤波(KF)[6]及其变体[7,9]等模型，可以应用这些方法基于先前观测值的时间序列分析来预测未来的交通流量。

然而，传统的统计模型通常依赖于平稳性假设，无法拟合交通数据的非平稳性和不确定性特征。与统计模型相比，机器学习模型没有对交通数据的分布进行假设，它只需要足够多的交通数据即可自动学习规律性。常见的机器学习模型，如贝叶斯网络模型[10]、k近邻(KNN)模型[11-15]和支持向量机(SVM)模型[16,17]，在交通流量预测领域均取得了不错的预测效果。

近年来，随着深度学习的快速发展，深度神经网络模型也被广泛应用于交通流量预测，如深度信念网络(DBNs)[18]、堆叠自编码器(SAEs)[19]、卷积神经网络(CNNs)[20,21]和循环神经网络(RNNs)[22-24]，它们已被证明在交通流预测中是有效的。CNN 可以有效地提取数据的空间特征，RNN 及其变体[长短期记忆(LSTM)[22]和门控循环单元(GRU)[25]可以有效地捕获非线性的交通流量变化并很好地学习其时间相关性。

但是，现有的城市道路交通预测的方法大多存在一定的局限性。①它们在交通流量预测过程中没有充分考虑时空相关性。在交通流量预测中，时空相关性是需要考虑的一个重要因素。时间相关性[26]表示当前交通状态与过去交通状态之间的时间跨度相关性，而空间相关性是指所选道路与其上下游道路在同一时间间隔内的相关性。时空相关性可以给交通流量预测提供丰富的信息。因此，我们必须充分利用这一特性。②在交通流量预测中使用的交通流数据是通过环路检测器采集的。环路检测器是一种可以识别车辆是否通过或存在的装置。然而，城市道路网的道路交通流量预测需要特定的交通流量数据。在 SCATS 系统中，可以获得的信息是交叉口各道路入口[27]的交通流量，而不是路段的交通流量，这使得传统的城市路网交通流量预测难以实现。

　　在本章节中，为了克服上述方法存在的不足，我们将交通网络表示为一个拓扑图，并在训练和测试过程中考虑了道路网络的拓扑结构。我们提出了一种基于图卷积循环神经网络(GCRNN)的新方法，该方法可以模拟交通流量的动态变化，使预测更加准确。本工作的贡献主要包括以下几点：

- 基于有向加权网络构建了复杂城市路网的拓扑结构，这样可以充分利用 SCATS 环路检测器采集的数据，获取更多有用的信息。
- GCRNN 模型使用图卷积网络(GCN)模型挖掘网络结构中的节点表示特征，以及构建了道路网络中空间相关鲁棒性表示。
- GCRNN 模型使用 LSTM 神经网络来学习高密度交通数据中隐藏的时间相关性。
- 我们使用杭州市的交通流量数据评估了 GCRNN 模型。实验的结果表明，该模型在预测的精确度上与基准模型的比较具有明显的优势。

9.2　相关工作

9.2.1　图分析

　　图结构分析已经被广泛地应用于不同领域的信息表达，如生物学[28]、社会科学[29]和语言学[30]等领域。交通网络可以由节点和边构成的图表示，因此图结构分析适用于交通领域。图结构数据频繁出现在交通领域。在道路交通复杂的网络中，道路交通网络的当前状态和下一个状态可能受到相关条件的约束。图分析可以从复杂的网络中捕获很多有意义的信息。近年来，图卷积网络(GCN)[31]作为图分析的一种，在交通流量预测领域应用广泛。GCN 模型利用傅里叶域内的卷积运算来捕获复杂交通网络的空间影响，这使得 GCN 模型可以学习不规则矩阵，获取道路网络中的空间相关性，提高交通预测的精度。

9.2.2 交通状态预测

交通状态预测是一个典型的时间序列预测问题。交通预测的目的是从历史交通观察中学习一个函数 $h(\cdot)$ 来预测未来交通状态。我们定义了一个交通状态向量 $X_t \in \mathbb{R}^N$ 来表示路网中 N 条道路在时刻 t 的交通状态数据。对于给定长度为 T 的历史时间序列，交通流量预测问题可以定义为：

$$[X_{t-T}, \ldots, X_{t-1}, X_t] \xrightarrow{h(\cdot)} \widetilde{X}_{t+1} \tag{9.1}$$

其中，$\widetilde{X}_{t+1}$ 表示未来 (t+1) 时间步长的预测值，T 是历史时间序列的长度。

在交通网络范围的交通流量预测中，路段具有一系列图中节点可以携带的特征，通常包括平均速度、占用率、车流量等。在 SCATS 系统下，只有入口道路的交通状态数据。因此，道路网络可以描述为一个有向图：

$$G = (V, E, A) \tag{9.2}$$

其中，$V = \{v_1, v_2, \ldots, v_N\}$ 是一个道路节点集，$N=|V|$ 是节点数；$E = \{e_{i,j}|i, j \in N\}$ 是边的集合，并且 $e_{i,j} \neq e_{j,i}$。在图中，一个节点代表一条道路，连边代表道路相邻。$A \in \mathbb{R}^{N \times N}$ 是交通网络图 G 的邻接矩阵，A 中的元素表示节点间的连边关系。$A_{ij}=1$ 表示沿行驶方向节点 i 和节点 j 的道路相连，反之，$A_{ij}=0$ 表示沿行驶方向节点 i 和节点 j 的道路不相连。在路网中不存在节点的自连边，因此 $A_{i,i}=0$。

在路网 G 中的交通流量预测问题可以表述为：

$$[X_{t-T}, \ldots, X_{t-1}, X_t; G] \xrightarrow{h(\cdot)} \widetilde{X}_{t+1} \tag{9.3}$$

9.3　模型

为了从交通数据中捕获空间和时间依赖关系，我们提出了一种结合空间依赖建模和时间动态建模的卷积循环神经网络(GCRNN)模型。所提出模型的架构如图 9.1 所示。

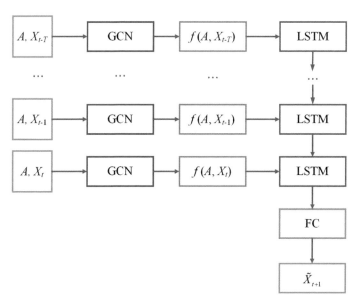

图 9.1　GCRNN 模型的总框图

在图 9.1 中，我们将历史时间序列 $\{X_{t-n}, \ldots, X_{t-1}, X_t\}$ 和相邻矩阵 A 作为 GCRNN 的输入。GCRNN 首先利用 GCN 从每个时间步的图结构交通数据中捕捉路网结构的空间特征，并将 GCN 的输出表示为 $f(X, A)$。d 为 GCN 的隐藏层单元数。之后，GCRNN 会将提取空间特征后的时间序列 $[f(x_{t-n}, A), \cdots, f(X_{t-1}, A), f(X_t, A)]$ 输入 LSTM 模型中，提取时间特征。最后，通过一个全连接层得到预测长度为 T 的预测。

9.3.1 图卷积神经网络

在所提出的方法中，我们使用 GCN 实现道路网络的空间特征聚合。GCN 的架构如图 9.2 所示。该图是一个拥有 T 个输入通道和 F 个输出通道的 GCN 架构图。GCN 模型在傅里叶域中构造了一个滤波器，并通过滤波器处理每个节点及其一阶邻域，来提取空间特征。

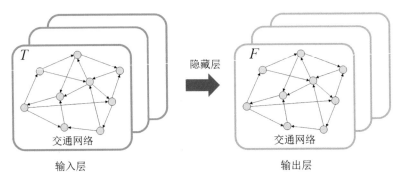

图 9.2　GCN 的架构

具有多层传播规则的多层 GCN 模型可以表述为：

$$H^{(l+1)} = \mathscr{F}\left(\tilde{D}^{-\frac{1}{2}}\tilde{A}\tilde{D}^{-\frac{1}{2}}H^{(l)}W^{(l)}\right) \tag{9.4}$$

其中，$\tilde{A} = A + I_N$，A 为邻接矩阵；$I_N \in \mathbb{R}^{N \times N}$ 为单位矩阵；$\tilde{D} \in \mathbb{R}^{N \times N}$ 为度矩阵，$\tilde{D} = \sum_j \tilde{A}_{ij}$；$H^{(l)}$ 为 l 层的输出，$H^{(0)} = X \in \mathbb{R}^{N \times T}$；$W^{(l)}$ 是该层的可训练参数；$\mathscr{F}(\cdot)$ 是 ReLU 的激活函数。

例如，一个两层的 GCN 模型可以表示为：

$$f(X, A) = \mathscr{F}\left(\tilde{D}^{-\frac{1}{2}}\tilde{A}\tilde{D}^{-\frac{1}{2}}\operatorname{ReLU}\left(\tilde{D}^{-\frac{1}{2}}\tilde{A}\tilde{D}^{-\frac{1}{2}}XW^{(0)}\right)W^{(1)}\right) \tag{9.5}$$

其中，$W^{(0)} \in \mathbb{R}^{T \times H}$ 是输入隐藏层的权重矩阵；$W^{(1)} \in \mathbb{R}^{H \times F}$ 是一个

隐藏层到输出的权重矩阵；H 是隐藏层的隐藏单元数。

在本小节中，我们介绍了图上的谱卷积，该图定义为数据 X 与傅里叶域[32]中由 $\theta \in \mathbb{R}^N$ 参数化的滤波器 $g_\theta = \text{diag}(\theta)$ 相乘。$\text{diag}(\theta)$ 是给定 θ 的对角化矩阵。谱图卷积运算可以定义为：

$$g_\theta *_{\mathscr{G}} X = U g_\theta U^T X = U \text{diag}(\theta) U^T X \tag{9.6}$$

其中，$*g$ 是谱图卷积算子；U 是归一化图拉普拉斯算子的特征向量矩阵 $L = I_N - D^{-\frac{1}{2}} A D^{-\frac{1}{2}} = U \Lambda U^T$，其特征值的对角矩阵是 $\Lambda = \text{diag}([\lambda_0, \lambda_1, \ldots, \lambda_N]) \in \mathbb{R}^{N \times N}$；$U^T X$ 是 X 的图傅里叶变换。g_θ 是一个可学习的卷积核权重。拉普拉斯矩阵的特征值分解在计算上是非常复杂的。因此，切比雪夫多项式更适用于解决这个问题，其滤波器 g_θ 可以表示为：

$$g_\theta(\Lambda) = \sum_{k=0}^{K} \theta_k T_k(\tilde{\Lambda}) X \tag{9.7}$$

其中，$\tilde{\Lambda} = \frac{2}{\lambda_{max}} \Lambda - I_N$，$\lambda_{max}$ 表示 L 的最大特征值，$\theta_k \in \mathbb{R}^{k \times N}$ 是可训练参数。切比雪夫多项式的递归定义可以表示为 $T_k(x) = 2x T_{k-1}(x) - T_{k-2}(x)$，其中，$T_k(\tilde{L}) \in \mathbb{R}^{N \times N}$ 是 k 阶的切比雪夫多项式，并且 $T_0(x)=1$，$T_1(x)=x$。

数据 X 与滤波器 g_θ 的卷积可以定义为：

$$g_\theta *_{\mathscr{G}} X = \sum_{k=0}^{K} \theta_k T_k(\tilde{L}) X \tag{9.8}$$

其中，$\tilde{L} = \frac{2}{\lambda_{max}} L - I_N$。切比雪夫多项式的近似扩展可以求解这个公式，对应于通过卷积核 g_θ 提取以图中每个节点为中心的周围 0 到 $(K-1)^{\text{th}}$ 阶邻居的信息。

为了降低计算复杂度，可以通过堆叠多个仅具有一阶近似的局部图卷积层来定义两层 GCN 模型。我们可以在训练期间假设 $\lambda_{max} \approx 2$。此时，式(9.5)可以简化为：

$$g_\theta *_{\mathscr{G}} X \approx \theta_0 x + \theta_1 (L - I_N) X = \theta_0 x - \theta_1 \left(D^{-\frac{1}{2}} A D^{-\frac{1}{2}} \right) X \tag{9.9}$$

其中，θ_0、θ_1 是两个共享的内核参数。为了进一步减少参数的数量以解决过拟合问题并最小化每层的操作数，图卷积可以进一步表示为：

$$g_\theta *_{\mathscr{G}} X = \theta \left(I_N + D^{-\frac{1}{2}} A D^{-\frac{1}{2}} \right) X \tag{9.10}$$

其中，θ_0、θ_1 被单个参数 θ 取代，并且 $\theta_0 = \theta_1 = \theta$。

最终，GCN 模型在图上的谱卷积上的输出 $f(X, A)$ 可以定义为：

$$f(X, A) = \mathscr{F} \left(\sum_{k=0}^{K} \theta_k T_k \left(\tilde{L} \right) X \right) \tag{9.11}$$

9.3.2 长短期记忆神经网络(LSTM)

循环神经网络(RNN)可以捕获数据的时间依赖性，常被用于时间序列分析。因为 RNN 能够记忆长期的依赖关系，其最初被用于语言模型。但是当时间滞后增加时，RNN 的梯度可能会消失。为了解决梯度消失问题，一个具有代表性的 RNN 变体 LSTM[33]被提出，它旨在让记忆单元能够确定何时忘记某些信息，从而确定最佳时滞。

LSTM 神经网络在其隐藏层有一个名为 LSTM 单元的复杂结构。LSTM 模型的架构如图 9.3 所示。一个典型的 LSTM 单元主要由 3 个门组成，即输入门、遗忘门和输出门，它们控制通过单元和神经网络的信息流。输入门从外部获取一个新的输入点，并对其进行处理。记忆单元从上一次迭代中的 LSTM 单元的输出中获取输入。遗忘门决定何时忘记输出结果，从而为输入序列选择最佳的时间延迟。对于时刻 t，输入历史流量状态为 $X_t \in \mathbb{R}^N$。隐藏层输出为 h_t，前一个单元的输出为 h_{t-1}。记忆单元输入状态为 $\tilde{c}_t$，输出状态为 c_t，其前状态为 c_{t-1}。3 个门的状态分别是 i_t、f_c 和 o_t。输入门可以确定有多少新的候选单元格可以添加到单元格状态中。

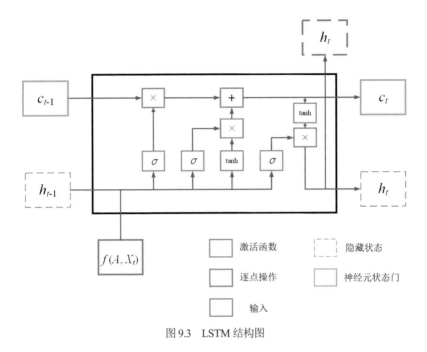

图 9.3　LSTM 结构图

从 LSTM 单元的结构可以看出，c_t 和 h_t 会被传输到下一个神经单元。c_t 和 h_t 的计算过程如下：

$$i_t = \sigma \left(W_i X_t + U_i h_{t-1} + b_i \right) \tag{9.12}$$

$$f_t = \sigma \left(W_f X_t + U_f h_{t-1} + b_f \right) \tag{9.13}$$

$$\tilde{c}_t = \tanh \left(W_c X_t + U_c h_{t-1} + b_c \right) \tag{9.14}$$

$$c_t = f_t \odot c_{t-1} + i_t \odot \tilde{c}_t \tag{9.15}$$

$$o_t = \sigma \left(W_o X_t + U_o h_{t-1} + b_o \right) \tag{9.16}$$

$$h_t = o_t \odot \tanh \left(c_t \right) \tag{9.17}$$

其中，W_i、W_f 和 W_o 分别是输入门、遗忘门和输出门的权重矩阵；U_i、U_f 和 U_o 是前一个隐藏状态的权重矩阵；b_i、b_f 和 b_o 是它们的偏置向量；$\sigma(\cdot)$ 表示门的激活函数；$\odot$ 代表两个向量或矩阵的标量积。

9.3.3　图卷积循环神经网络

GCRNN 模型可以提取空间依赖性和时间依赖性。首先，利用 GCN 处理路网的拓扑结构以获取空间依赖性。历史交通状态 X_t 作为输入被输入 GCN 函数中，则输出 $f(X_t, A) \in \mathbb{R}^K$ 可以表示为：

$$f(X_t, A) = \mathscr{F}\left(\sum_{k=0}^{K} \theta_k T_k\left(\tilde{L}\right) X_t\right) \tag{9.18}$$

之后利用 LSTM 从时间序列中学习时间动态变化，以获得时间依赖性。计算过程如下：

$$i_t = \sigma\left(W_i \cdot f(X_t, A) + U_i h_{t-1} + b_i\right) \tag{9.19}$$

其中，$f(X_t, A)$是输入门$i_t \in [0, 1]$的输入；$W_i \in \mathbb{R}^{K \times d}$和$b_i \in \mathbb{R}^d$分别是输入门的权重矩阵和偏置向量；$U_i$表示前一个隐藏状态的权重矩阵。

$$f_t = \sigma\left(W_f \cdot f(X_t, A) + U_f h_{t-1} + b_f\right) \tag{9.20}$$

其中，$f(X_t, A)$是遗忘门$f_t \in [0, 1]$的输入；$W_f \in \mathbb{R}^{K \times d}$和$b_f \in \mathbb{R}^d$分别是遗忘门的权重矩阵和偏置向量；$U_f$表示前一个隐藏状态的权重矩阵。下一步是更新单元状态：

$$\tilde{c}_t = \tanh\left(W_c \cdot f(X_t, A) + U_c h_{t-1} + b_c\right) \tag{9.21}$$

其中，$f(X_t, A)$是新单元状态$\tilde{c}_t$的输入；$W_c \in \mathbb{R}^{K \times d}$和$b_c \in \mathbb{R}^d$是遗忘门的权重矩阵和偏置向量；$U_c$表示前一个隐藏状态的权重矩阵。单元状态$c_t$可以通过遗忘门$f_t \in [0, 1]$、输入门$i_t \in [0, 1]$和候选单元$\tilde{c}_t \in [-1, 1]$进行更新。

$$c_t = f_t \odot c_{t-1} + i_t \odot \tilde{c}_t \tag{9.22}$$

更新后的单元层信息不仅可以有长期的信息，而且还可以选择性地过滤掉一些无用的信息。输出门 o_t 可以决定输出哪些信息：

$$o_t = \sigma\left(W_o \cdot f(X_t, A) + U_o h_{t-1} + b_o\right) \tag{9.23}$$

$$h_t = o_t \odot \tanh\left(c_t\right) \tag{9.24}$$

其中，$f(X_t, A)$ 是输出门在时刻 t 的输入；$W_o \in \mathbb{R}^{K \times d}$ 和 $b_o \in \mathbb{R}^d$ 是遗忘门的权重矩阵和偏置向量；U_o 表示前一个隐藏状态的权重矩阵，$h_t \in \mathbb{R}^d$ 是包含时刻 t 的时空信息的 LSTM 模型的输出。

最后，将 GCRNN 的输出向量作为全连接层的输入，实现流量预测，如下所示：

$$\tilde{X}_{t+1} = \sigma\left(W_{fc} h_t + b_{fc}\right) \tag{9.25}$$

其中，$\tilde{X}_{t+1}$ 为 N 个节点对应的预测结果；$W_{fc} \in \mathbb{R}^{d \times N}$ 和 $b_{fc} \in \mathbb{R}^N$ 分别是全连接网络的权重矩阵和偏置向量；$\sigma(\cdot)$ 表示本章中的 sigmoid 函数。

在训练过程中，目标是最小化真实值和预测值之间的误差。训练过程中的损失可以定义为：

$$\text{Loss} = L\left(Y_t, \tilde{Y}_t\right) = \sum_{t=1}^{M} \left(Y_t - \tilde{Y}_t\right)^2 \tag{9.26}$$

$L(\cdot)$ 是一个用于计算 Y_t 和 $\tilde{Y}_t$ 之间的误差的损失函数；其中，Y_t 和 $\tilde{Y}_t$ 分别代表真实的交通数据和预测数据；$Y_t = X_{t+1}$，$\tilde{Y}_t = \tilde{X}_{t+1}$；$M$ 为时间样本数。在本章中，我们使用均方误差(MSE)作为损失函数。

9.4　实验

9.4.1　数据集

本节中使用的数据集是通过 SCATS 系统采集的 2017 年 6 月 1 日至 30 日浙江省杭州市的 17 个交叉路口的交通流量数据。数据采集的时间跨度为 00:00 到 24:00，交通流量数据采集间隔为 15 分钟，每条道路每天可以采集到 96 个数据点。交叉路口的分布情况如图 9.4(a)所示。我们对所选交叉路口的路段进行编号，形成的路网空间拓扑如图 9.4(b)所示。在实验中，我们将采集到的数据划分成训练集和测试集,其中训练集占整体数据的80%, 测试集占整体数据的20%。

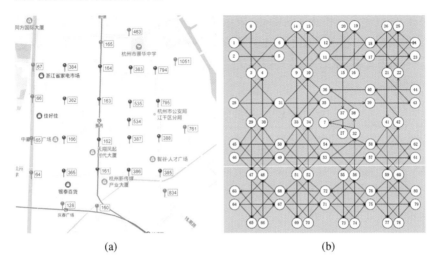

| (a) | (b) |

图9.4 (a)所选交叉路口的分布(红色);(b)基于所选区域形成的路网空间拓扑

9.4.2 对比实验

在本小节中,将所提出的模型与以下模型进行了比较,①KNN:k 最近邻;②FNN:前馈神经网络;③LSTM:长短期记忆循环神经网络,以及④GCN:图卷积网络。FNN 和 LSTM 是基于 keras 实现的,GCN 和 GCRNN 是基于 tensorflow 构建的,KNN 是基于 scikit-learn 实现的。

9.4.3 评价指标

在本节中,通过在流量预测中常用的均方根误差(RMSE)和平均绝对误差(MAE)对我们提出的模型和基线模型进行性能对比。两个指标的计算公式如下所示:

$$\text{RMSE} = \left(\frac{1}{M} \sum_{i=1}^{M} \left(Y_t - \tilde{Y}_t \right) \right)^{\frac{1}{2}} \tag{9.27}$$

$$\text{MAE} = \frac{1}{M} \sum_{i=1}^{M} \left| Y_t - \tilde{Y}_t \right| \tag{9.28}$$

9.4.4　评估

在实验过程中，我们为上述基线模型和 GCRNN 模型设置了相同的超参数，例如批处理大小、训练时期和学习速率。在实验过程中，我们手动调整并设置批处理大小为 64，训练时期为 100，学习速率为 0.001。我们将 LSTM 层数设置为 2，每层隐藏单元数 d 为 256。所有测试都使用 60 分钟作为历史时间窗口，这表示我们将使用 4 个观察到的数据点来预测接下来 15 分钟的交通状态。

9.4.5　实验和结果分析

因为我们使用了 K 阶切比雪夫多项式近似图卷积，所以在 GCRNN 模型中，K 是一个非常重要的超参数。GCRNN 模型可以利用距离中心节点最大 K 跳的节点的信息。当 K=1 时，模型只会考虑中心节点的信息。当 K=2 时，模型会考虑中心节点的一阶邻居节点的信息关系。当 K=3 时，会额外考虑中心节点的一阶邻居节点和二阶邻居节点的信息。K 越大，中心节点可以考虑更多来自邻居节点的附加结构信息，但计算复杂度也会大大增加。在实验中通常会将 K 设置为 3。

我们利用 GCRNN 模型预测了数据集采集的道路网络中所有道路的流量情况，并使用 RMSE 和 MAE 将我们的模型和基线模型进行了性能上的比较，结果如表 9.1 所示。

表 9.1　GCRNN 模型和其他基线方法的预测结果比较表

模型	RMSE	MAE
KNN	15.76	10.20
FNN	14.76	7.05
LSTM	13.73	6.70
GCN	13.76	6.98
GCRNN	**12.30**	**6.46**

我们在实验过程中发现 GCRNN 中不同数量的隐藏单元 d 可能会极大地影响预测性能。为了选择合适的超参数 d，我们对不同数量的隐藏单元进行了实验，并通过比较预测结果的 RMSE 和 MAE 来选择最优值。一般隐藏单元的数量 d 会从 $\{16, 32, 64, 128, 256, 512\}$ 中进行选择。结果如表 9.2 所示。

表 9.2 在不同隐藏单元 d 下的 GCRNN 模型的预测结果对比

d	RMSE	MAE
16	14.80	6.96
32	14.70	6.89
64	13.89	6.46
128	12.63	6.32
256	**12.30**	**6.13**
512	12.38	6.21

如表 9.2 所示，当隐藏单元数量 d 为 256 时，预测误差达到最小值。在实验中，N 越大，需要在模型中使用的隐藏单元越多。当隐藏单元的数量超过 256 个时，预测精度会下降。这主要是因为当隐藏单元大于一定程度时，会增加模型复杂度，从而导致过拟合。因此，我们在实验中将隐藏单元的数量设置为 256。

我们所提出的方法优于其他模型。与其他深度学习方法相比，传统的机器学习算法 KNN 显示出一定的劣势。这主要是由于 KNN 难以处理复杂的、非平稳的时间序列数据。深度学习方法通常会比传统的机器学习模型获得更好的预测结果。FNN 在预测时空序列方面表现不佳。LSTM 模型优于 KNN 方法和 FNN 方法，因为它可以捕获交通流数据的时间相关性，但是 LSTM 只考虑时间相关性而忽略空间特征。GCN 模型的性能优于 LSTM 模型，这表明空间特征在交通流预测中具有非常重要的作用，但 GCN 只考虑空间特征而忽略时间特征。由于交通网络流量预测具有时空相关性，与 LSTM 方法和 GCN 方法相比，GCRNN 模型综合考虑了时空相关性，因此 GCRNN 模型取得了最好的预测结果，RMSE 误差和 MAE 误差都是最低的。这也验证了图卷积是一种在交通预测问题中学习道路之间相互作用的合理方法。

图 9.5 可视化了预测的交通流序列和真实情况的对比情况。可以清楚地看到，GCRNN 模型可以生成更平滑的预测，并且更擅长预测高峰时段的开始和结束。这是由于早高峰和晚高峰道路交叉口之间的影响更大，一条道路的流量增加可能会导致其他道路的交通拥堵。GCRNN 在此种情况下可以更好地获取交通网络的空间关系。这说明 GCRNN 模型更适合预测车流量大的高峰时间段的流量，因为在车流量较低时交通流量表现出的空间相关性并不明显。这些结果也表明了，我们的 GCRNN 模型优于其他模型，在道路交通车流量预测方面有着巨大的潜力。

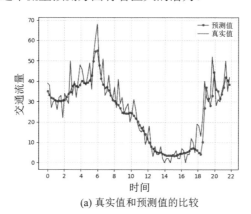

(a) 真实值和预测值的比较

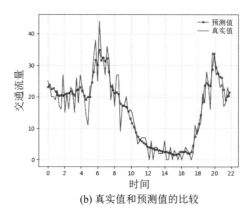

(b) 真实值和预测值的比较

图 9.5　随机选择的两天的交通流量预测可视化

9.5   本章小结

在本章中，我们提出了一种基于 GCRNN 的方法来解决 SCATS 系统中交通流预测的挑战。首先，我们将交通道路网络表示为拓扑图，并使用图卷积神经网络挖掘交通道路之间的空间相关性。其次，我们利用 LSTM 模型提取交通流量时间序列中的时间依赖关系。实验结果表明，我们提出的 GCRNN 模型优于其他基线模型。

未来，我们将考虑将天气、事件和周期性等其他因素作为特征用来预测交通流量。此外，我们也会考虑将更多的交通流理论集成到模型中来提高模型预测的精度。

第 *10* 章

基于复杂网络的时间序列分类

裘坤峰，周锦超，崔慧，陈壮志，郑仕链，宣琦

摘要： 时间序列分类在脑电图(electroencephalogram，EEG)分类、心电图(electrocardiogram, ECG)分类、人体活动识别和无线电信号调制识别等多种任务中发挥着重要作用。目前，学界已有一些可靠的方法，通过将时间序列映射到网络图把时间序列分类转换为图分类。然而，这些具有固定映射规则的转换方法可能缺乏灵活性，导致信息丢失，从而降低分类精度。在本章中，我们介绍一种将时间序列映射到图的新方法，称为圆系有限穿越可视图(Circular Limited Penetrable Visibility Graph，CLPVG)。此外，为了通过深度学习更灵活地将时间序列映射到图，还介绍一种基于图神经网络(Graph Neural Network，GNN)的自适应可视图(Adaptive Visibility Graph，AVG)框架，该框架可以将时间序列转换为图，并实现端到端的分类。本章最后，为了证明所提方法的有效性，在一些常见的数据集上进行了实验。

10.1 介绍

时间序列在几乎所有需要人类认知过程[1]的任务中都普遍存在，因此，时间序列分类是数据挖掘中的重要任务[2]。例如，在医疗卫生领域，癫痫病患者和自闭症儿童的脑电信号具有典型的时间序列特征。通过对处于不同状态的患者的脑电信号进行分类，可以判断患者是否处于过渡状态(从正

常时刻到发病时刻)，以便及时采取相应措施，使患者远离危险[3-7]。心脏病患者的 ECG 信号也是时间序列。通过对患者 ECG 信号的实时监测和分类，可以在患者心脏病发作前及时采取紧急措施，保护患者。此外，在无线电信号调制识别中，接收到的调制信号是时间序列，对这些信号的调制方式进行分类很重要，这可以使我们对调制信号进行解调，从而获得有意义的原始信号，从中获得重要信息。

传统的时间序列分类方法可以分为特征提取和识别两个过程。例如，为了对脑电信号和无线电调制信号进行分类，Soliman 和 Hsue[8]以及 Subasias[9]使用了傅里叶变换[10]和小波变换[11]等方法对这些信号进行预处理，然后提取信号的高阶循环谱、高阶累积量、循环平稳特征和功率谱[12]等特征。基于这些特征，机器学习中的传统分类方法，如决策树[13]、随机森林[14]和支持向量机(Support Vector Machine，SVM)[15]，可以用来对时间序列进行分类。总的来说，上述分析原始信号的过程需要耗费大量的人力物力[9]，然而最终的分类精度相对较低。

近年来，一些先进的深度学习算法也被用于对时间序列进行分类。例如 Hochreiter 和 Schmidhuber[16]提出了一种基于循环神经网络(Recurrent Neural Network，RNN)的长短时记忆(Long Short-Term Memory, LSTM)框架，该框架可以对时间序列进行分类，并且具有较好的精度。基于卷积神经网络(Convolutional Neural Network，CNN)，Wang 等[17]提出了一种时间序列分类模型，称为全卷积网络(Fully Convolutional Network，FCN)，而 O'shea 等[18]则提出了一种用于无线电信号调制识别的残差神经网络模型。一般来说，基于 RNN 和 CNN 的方法充分发挥了深度学习模型的能力，可以大大提高分类性能。不过，基于 RNN 的方法一般时间复杂度高，计算量大[19-21]，而基于 CNN 的方法忽略了时间序列中的时间信息，可能导致分类精度较低。

此外，还有一些基于固定映射规则的方法将时间序列转换为图进行分类。Lacasa 等[22]首先提出了可视图(Visibility Graph，VG)的概念，这是基于一种将时间序列映射到图的新思想。此后，又出现了一些基于 VG 的映射方法，如水平可视图(Horizontal Visibility Graph，HVG)[23]和有限穿透可视图(Limited Penetrable Visibility Graph，LPVG)[24]等。将时间序列转换成图后，利用图分类方法对其进行分类很方便。但是，上述映射方法的规则都较为固定，只能将每个信号样本转换为单个图，欠缺较为灵活完善的表示能力。

为了解决上述问题，基于 LPVG，我们提出了一种更灵活的转换方法，称为圆系有限穿越可视图(CLPVG)，它能够将时间序列映射成合适的图，更好地表示相应的信号样本。此外，我们提出了一种基于图神经网络(GNN)的自适应可见图(AVG)来实现端到端时间序列分类。该方法通过对时间序列进行卷积运算和特殊排列来生成并更新图，并尽可能多地保留原始时间序列中的重要信息，从而进一步提高分类精度。本章相应的实验证明，我们提出的两种方法可以有效地学习用图表示时间序列，比现有的基于复杂网络的方法更加灵活，具有更高的分类精度。从理论上讲，AVG 更灵活且适合用图表示信号，因为映射过程集成到深度学习模型中时可以进行自动调整。

本章的其余部分组织如下。在 10.2 节，简要描述时间序列分类和图分类的相关工作，然后介绍了 LVPG(一种将时间序列转换为图的典型映射方法)。在 10.3 节，详细介绍两种方法：CLPVG 和 AVG。在 10.4 节，通过实验验证这两种方法的有效性。最后，在 10.5 节给出结论。

10.2　相关工作

10.2.1　时间序列分类

时间序列分类在数据挖掘和其他领域中显得越来越重要，已应用于自动语音识别(Automatic Speech Recognition，ASR)[25]、心电图分类和化学工程[2,26]。假设一个时间序列长度为 n 的样本 Y 为：

$$Y = \{y_1, y_2, \cdots, y_k, \cdots, y_n\} \tag{10.1}$$

其中，y_k 为时间点 k 对应的值。(k, y_k) 表示信号采样点。而时间序列分类的目的是通过在训练数据上建立带有类别标签的模型预测新的时间序列的类别标签。

传统的时间序列分类方法主要是基于手工特征结合典型的机器学习方法。例如，Nanopoulos 等[27]提取时间序列的均值和方差等统计特征，然后利用多层感知器(Multilayer Perceptron，MLP)完成分类。Deng 等[28]提出了结合熵增益和距离度量的时间序列森林(Time Series Forest，TSF)。此外，也有一些基于距离的分类方法来预测测试样本的类别。这些方法首先使用距离函数计算当前样本与所有训练样本之间的相似性，然后将距离值最小的训练样本的标签视为当前测试样本的类别。这些方法中使用的距离函数一般包括动态时间规整(Dynamic Time Warping，DTW)[29]、编辑距离(Edit Distance，ED)[30]和最长公共子序列(Longest Common Sub-sequence，LCS)[31]等。总的来说，这些分类方法提取的特征具有较好的代表性，能够很好地表征原始信号。然而，很明显，这些方法需要扎实的专业功底。

随着深度学习的快速发展，神经网络在时间序列分类中得到了广泛的应用，并取得了令人满意的结果。Wang 等[32]提出了 FCN 的概念，它是一种基于 CNN 的分类模型，简单有效，不需要复杂的特征提取过程即可对时间序列进行分类。Karim 等[33]提出了 LSTM-FCN 和 ALSTM-FCN 两种端到端时间序列分类模型，结合了 CNN 和 RNN。与传统方法相比，基于深度学习的分类算法利用大数据来学习特征，能够更好地捕捉时间序列丰富的内部信息。

10.2.2　映射方法

众所周知，CNN 模型原本是为了处理图像而设计的，但令人惊讶的是，它在时间序列分类方面的表现也非常出色。受此启发，一些研究者尝试将时间序列映射到图上，然后利用复杂网络中的技术分析时间序列。随着 VG[22](一种将时间序列映射为图的方法)的提出，出现了越来越多类似的映射方法，其中比较著名的是 LPVG[24]，它可以与常用的分类器相结合，对时间序列进行良好的分类。首先，LPVG 将时间序列 Y 转换成垂直线图的形式。为了保证每条垂直线的高度为正，对原始时间序列 Y 进行如下处理：

$$Y' = \{y_1 + a, y_2 + a, \cdots, y_k + a, \cdots, y_n + a\}, a > |\min(Y)| \quad (10.2)$$

其中，时间序列 Y 的最小值表示为 $\min(Y)$，a 是一个大于 $\min(Y)$ 绝对值的数。以 n 个时间点作为横坐标，以时间点对应的处理后的信号值作为纵坐标，构造垂直线图。然后根据得到的垂直线，LPVG 依次判断每两个点 Y_i 和 Y_j 是否可以构成一条边，其中 $1 \leq i \leq j \leq n$。具体操作是将采样点 Y_i 和 Y_j 对应的垂直线的顶端连接起来，得到直线 $L_{i,j}$。直线 $L_{i,j}$ 与采样点 Y_m 对应的垂直线的交点数记为 L，其中 $m=i+1, \cdots, j-1$。给定超参数 b，如果 L 小于或等于 b，则认为采样点 Y_i 和 Y_j 可以在图上形成一条边。根据上述规则，最终可以将长度为 n 的时间序列 Y 映射为具有 n 个节点的图 G。以长度为 5 的时间序列为例，将超参数 b 设为 1，构造的垂直线图和映射图如图 10.1 所示。

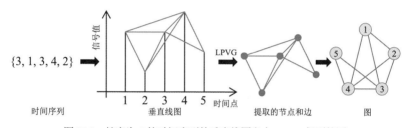

图 10.1　长度为 5 的时间序列的垂直线图和由 LPVG 得到的图

10.2.3　图的分类

将时间序列映射为图后，时间序列分类的问题自然转换为图分类。目前，比较先进的图分类方法主要有图嵌入和 GNN[34-37]。在图分类中，利用图嵌入表示具有低维向量的图，然后利用现有的一些机器学习分类算法实现分类。一方面，可以人工提取图的一些属性来形成一个低维向量，如计算网络的节点数、边数、聚类系数等[38]。另一方面，一些无监督算法也可以用来自动提取网络的特征向量，如 Graph2vec[39](这是一种典型的图嵌入方法)。Graph2vec 是第一种针对整个网络的无监督嵌入方法，其使用了类似于 Doc2vec[40]的模型，该模型基于扩展文本和嵌入技术，在自然语言处理(Natural Language Processing, NLP)中显示了极大的优势。类似地，Graph2vec 在网络和有根子图之间建立了一种关系。Graph2vec 首先提取有根子图，并将相应的标签提供到词汇表中，然后训练 Skip-Gram 模型，得到整个网络的表示。该方法在图分类任务中表现良好，优于大多数手工特征提取方法。

此外，随着深度学习的发展，出现了许多能够完成图分类的端到端 GNN 模型，如 Graphsage[41]和 Diffpool[42]。GNN 可以根据节点的局部邻域信息嵌入节点，即对每个节点及其周围节点的信息进行聚合。尤其可以通过神经网络对信息聚合过程进行优化。在我们的 AVG 中，使用 Diffpool 作为基本的图分类模型。Diffpool 根据 GNN 中操作层的输出对图进行粗化，然后将节点映射到一些簇中，这些簇是 GNN 中下一操作层的输入。Diffpool 作为一个可微的图级池化模块，能够生成图的层次表示并完成对图的分类[42]。

10.3　方法

本节主要介绍基于图的两种时间序列分类方法 CLPVG 和 AVG，并讨论它们与 LPVG 的区别。

10.3.1　CLPVG

将时间序列转换成图来分析的方法有 VG(可视图)[22]和 LPVG(有限穿透可视图)[24]等。Lacasa[22]等以及 Cai[24]等的实验证明，这些从时间序列构建图的方法能够保留和提取时间序列的一些基本特征。然而，这些算法得到的图相对简单，几乎不可能根据不同的任务或用户需求从时间序列构造包含更有效信息的图。因此，我们在现有 LPVG 方法的基础上，提出了一种将时间序列转换为图的新方法——CLPVG(圆系有限穿透可视图)。该方法更加灵活，能够从时间序列中提取更有效的信息，从而达到更好的分类效果。

本节主要介绍利用 CLPVG 进行时间序列分类的具体过程。总的来说，它是一种可调的非线性图构造算法，也是一种在 LPVG 中使用弧线而不是直线来构造图的可视图构造算法，其目的是更好地完成时间序列分类任务。

采用 CLPVG 方法进行时间序列分类的整个过程如图 10.2 所示。该方法首先利用 CLPVG 将时间序列转换为图,然后提取一阶子图网络[43]。之后通过 Graph2vec[39]对所有的图进行处理,得到相应的特征向量,再通过机器学习领域的分类器对这些特征向量进行串联和分类。

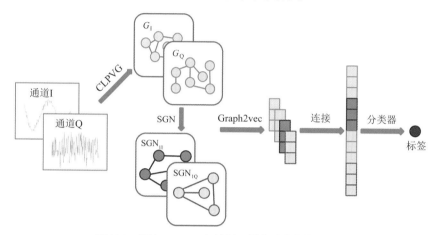

图 10.2 通过 CLPVG 对时间序列进行分类的整个过程

1. 循环系统方程

在数学中,满足一定条件的一组圆称为圆系,描述圆系的方程称为圆系方程。如图 10.3 所示,给定任意两个不同的数据点(t_1, y_1)和(t_2, y_2),可以得到多个不同的圆,圆系方程可以表示为:

$$f(t, y) = (t - t_i)(t - t_j) + (y - y_i)(y - y_j)$$
$$+ a[(t - t_i)(y_j - y_i) - (y - y_i)(t_j - t_i)] = 0 \tag{10.3}$$

其中超参数 a 用于控制圆的大小。显然,两点(t_1, y_1)和(t_2, y_2)将它们所形成的圆分成两部分,一部分是较长的弧线,另一部分是较短的弧线。在后续的网络构造工作中,我们选择较短的弧线代替 LPVG 方法的线。

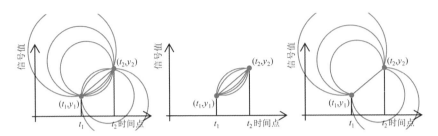

图 10.3　圆系示意图(使用 LPVG 将时间序列转换为图时，每两个数据点用蓝线连接，以判断两个点是否可以形成边。使用 CLPVG 时，用一条橙色的弧线而不是蓝色的线来构建图形。对于橙色的弧线，可以选择较短的弧线部分，也可以选择较长的弧线部分，如中间图和右边图所示)

2. 通过 CLPVG 构造图

与 LPVG 方法类似，CLPVG 只将直线段改变为较短的弧线，其他规则保持不变。最后，时间序列可以映射为图。以图 10.1 所示的时间序列为例，假设超参数 $b=1$，则通过 CLPVG 构造的图如图 10.4 所示。

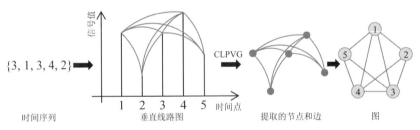

图 10.4　利用 CLPVG 得到的图(这里使用图 10.1 中相同的时间序列进行比较)

将时间序列 Y 映射为 $G=(V, E)$ 的 CLPVG 算法，如算法 10-1 所示。首先，将 Y 中的所有时间点视为图 G 的节点。然后，确定是否每两个节点都能在 G 中形成一条边。

算法 10-1：通过 CLPVG 将时间序列映射为图

输入：如式(10.1)所示的时间序列 Y，Y 的长度 n，如式(10.3)所示的超参数 a，如 10.2.2 节所述的超参数 b。

输出：图 $G=(V, E)$ 用 CLPVG 表示。

1　设置超参数 a 和超参数 b 的值
2　**for** ln=1 to n−1 **do**
3　　将节点 ln 添加到 V 中
4　　add=0
5　　**for** rn=ln+1 to n **do**
6　　　**for** mn=ln to rn **do**
7　　　　当 $t=mn$ 时，通过式(10.3)计算 y'_{mn}
8　　　　如果 $y_{mn} \geqslant y'_{mn}$，则 add=add+1
9　　　**end**
10　　如果 add$\leqslant b$，将边(ln, rn)追加到 E
11　　**end**
12　**end**
13　将节点 n 追加到节点 V
14　返回 $G=\langle V, E\rangle$

3. 子图网络

　　将时间序列映射为图后，可以利用网络领域的某些技术来提高最终的分类精度。本文采用子图网络(SGN)[43]扩展特征空间，进一步增强图分类算法，这些将在第 3 章详细介绍。给定一个图 $G=(V, E)$，其中 V 和 E 分别表示图 G 的节点集和边集，从 G 中提取一阶子图网络 SGN$^{(1)}$，如图 10.5 所示。首先，将原始图 G 中的边映射为 SGN$^{(1)}$中的节点。那么，如果 G 中的两条边共享同一个终端节点，则将这两条边映射为 SGN$^{(1)}$中的相应两个节点连接起来。当然，可以使用类似的方法迭代得到更高阶的 SGN。总的来说，SGN 可以在原始图中挖掘出一些更深层次的特征，这有助于提高图的分类精度。然而，提取高阶子图网络会显著增加资源和时间的消耗，但精度提高可能不大，因此在实验中只使用 SGN$^{(1)}$。

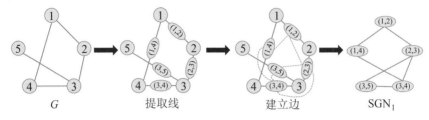

图 10.5　由原始图 G 构建 SGN[(1)]的过程

我们进一步使用 Graph2vec[39]提取生成的图的特征，以及对应的一阶 SGN，然后使用随机森林[14]实现分类。

10.3.2　基于 GNN 的 AVG

本节主要介绍基于 GNN 的 AVG(自适应可视图)，这是一个端到端的深度学习框架。与上述根据固定规则将时间序列映射为图的方法不同，AVG 可以通过自学习获取图，并在深度学习框架中对获取的图进行分类，从而实现时间序列分类。

1. 整体的框架

该方法的思想是通过多个具有不同卷积核大小的一维卷积层对时间序列进行处理，得到处理后的特征序列，然后按照一定的规则将其排序成表示图的特征矩阵。最后，利用 GNN 域中的图分类模型对得到的图进行分类。本章选择了典型的 GNN 模型 Diffpool[42]对图进行分类。值得注意的是用于图分类的其他 GNN 模型(如 GraphSage[41])，将来也可以使用。特别地，一维卷积层对时间序列的处理可以与图分类模型一起训练。这种将时间序列映射为图的转换方法非常灵活，不受固定规则的限制，因此对不同领域的时间序列具有普遍适用性。AVG 的总体框架如图 10.6 所示。

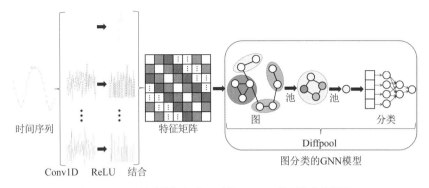

图 10.6　AVG 的总体框架(这里选择 Diffpool 模型作为分类器)

2. 特征提取

首先，假设给定时间序列数据集中的每个样本都可以表示为：

$$t_{1 \times N} = [t_1, t_2, \ldots, t_N] \tag{10.4}$$

式中，N 表示时间序列中的时间点个数，t_N 表示第 N 个时间点对应的值，$t_{1 \times N}$ 表示长度为 N 的时间序列样本。对原始时间序列进行一维卷积层和不同大小的多个卷积核处理，得到处理后的特征序列。具体的卷积过程如下：

$$\phi_m = \mathrm{Conv1}D_m(t_{1 \times N}) = [x_1^m, x_2^m, \ldots, x_{N+1-m}^m], 2 \leqslant m \leqslant k \tag{10.5}$$

其中，k 用于控制一维卷积层的数量，$\mathrm{conv1}D_m(\cdot)$ 表示卷积核大小为 m、步长为 1 的一维卷积层。ϕ_m 表示用一维卷积层 $\mathrm{conv1}D_m(\cdot)$ 对原始时间序列进行处理后得到的长度为 $(N+1-m)$ 的特征序列，其中第 i 个特征表示为 x_i^m。然后对得到的所有特征序列进行 ReLU 激活函数处理，得到特征元素均为非负数的经过处理的特征序列。

$$\varphi_m = \mathrm{ReLU}(\phi_m) = [y_1^m, y_2^m, \cdots, y_{N+1-m}^m], 2 \leqslant m \leqslant k \tag{10.6}$$

3. 图的特征矩阵

提取特征序列后，对这些特征进行处理，得到图的特征矩阵。将得到的非负特征序列按照一定的规则进行排序，得到能够表示大小为 $N \times N$ 的网络的特征矩阵 M。排序规则是将非负特征值 y_i^m 放置在矩阵 M 的第 i 行和第$(i+m-1)$列，以及第$(i+m-1)$行和第 i 列，矩阵 M 的其他位置为 0。得到的特征矩阵 M 为：

$$M = \begin{bmatrix} 0 & y_1^2 & \cdots & y_1^k & 0 & 0 \\ y_1^2 & 0 & y_2^2 & \cdots & \ddots & 0 \\ \vdots & y_2^2 & 0 & y_3^2 & \ddots & y_{N+1-k}^k \\ y_1^k & \vdots & y_3^2 & 0 & \ddots & \vdots \\ 0 & \ddots & \ddots & \ddots & \ddots & y_{N-1}^2 \\ 0 & 0 & y_{N+1-k}^k & \cdots & y_{N-1}^2 & 0 \end{bmatrix} \quad (10.7)$$

特别地，由于不存在自连接，因此图的特征矩阵中的对角元素值均为 0。很明显，用核长度为 1 的一维卷积层处理原始时间序列得到的特征序列会放在矩阵 M 的对角线上，因此，一维卷积层卷积核的长度必须大于 1。这说明用 AVG 方法构造的图是加权的无向图。算法 10-2 总结了将时间序列映射为图 $G=(V, E)$ 的过程。首先，使用核大小不同的一维卷积层和激活函数 ReLU 处理原始时间序列。在得到相应的特征向量后，将它们合并成特征矩阵。最后，我们很容易将对称特征矩阵转换为图。

算法 10-2：通过 AVG 将时间序列映射为图

输入：时间序列 $t_{1 \times N}$ 如式(10.4)所示，$t_{1 \times N}$ 的长度为 N，超参数 k 如式(10.5)所示。

输出：图 $G=(V, E)$ 用 AVG 表示。

1　创建一个 0 矩阵 M，尺寸为 $N \times N$
2　**for** $m=2$ to k **do**
3　　用卷积核定义一维卷积层 Conv1$D_m(\cdot)$
4　　大小为 m，步长为 1
5　　通过式(10.5)计算特征序列 ϕ_m
6　　通过式(10.6)计算非负特征序列 $\varphi_m = [y_1^m, y_2^m, \cdots, y_{N+1-m}^m]$
7　　**for** $i=1$ to $N+1-m$ **do**
8　　　$M(i, i+m-1) = M(i, i+m-1) = y_i^m$，其中 $M(r, c)$ 表示 M 的第 r 行第 c 列中的元素
9　　**end**

10 **end**
11 根据 M 构造加权无向图
12 返回 $G=<V,E>$

4. 图分类

从时间序列中得到加权无向图后，可以使用用于图分类的神经网络模型(如 GraphSage[41]和 Diffpool[42])对得到的图进行分类，从而达到时间序列分类的目的。特别是利用所使用的 GNN 模型，可以训练将时间序列映射为图的一维卷积运算，从而得到最合适的图。

10.3.3　与 LPVG 的比较

CLPVG 和 LPVG 之间的唯一区别是，我们使用弧而不是直线来构建图，如图 10.4 和图 10.1 所示。弧比直线更灵活，因为不同的弧弯曲度可以构造不同的图，即通过选择合适的弧弯曲度可以得到最能代表原始时间序列的图。

此外，AVG 没有按照固定规则将时间序列映射为图，而是通过自学习机制设计了一种比 CLPVG 更灵活的映射。从 LPVG 构造图的映射规则出发，在判断两个节点 $Y_i = (i, y_i)$ 和 $Y_j = (j, y_j)$ 之间是否存在边时，需要在垂直线图上构造一条经过这两点的直线 $L_{i,j}$。直线 $L_{i,j}$ 表示为:

$$f(t) = \frac{y_j - y_i}{j - i} \times (t - i) + y_i \tag{10.8}$$

然后比较 i 到 j 之间每个时间点 m 的 y_m 值和 m 时刻线性函数 $L_{i,j}$ 的 $f(m)$ 值，判断图中是否可以连接 $Y_i=(i, y_i)$ 和 $Y_j=(j, y_j)$。这种方法在一定程度上忽略了具体的时间序列值，导致在将时间序列映射为图时，原始时间序列中的一些隐藏信息丢失了，最终影响了分类精度。与 LPVG 不同，AVG 使用一维卷积层来处理每两个节点之间的关系，并计算这两个节点以及这两个节点之间的节点的相关度。它充分利用了每个时间点对应的特定时间序列值，可以保留更多原始时间序列的信息。另外，LPVG 构造的图是未加权的，而 AVG 可以构造加权的网络。这样可以在原始时间序列中提取更多的特征，从而提高分类精度。

10.4 实验

本节主要介绍 CLPVG 和 AVG 的具体实现过程和结果，并与 LPVG 在一些公共数据集上获得的结果进行比较，以验证我们方法的有效性。

10.4.1 数据集

实验中使用的数据集包括无线电调制(RML2016.10a[44])和医疗领域(EEG[45])中的时间序列，以及 3 个典型的 UCR 时间序列(Adiac、ElectricDevices 和 Herring)[46]。

RML2016.10a 是基于 GNU 无线电环境生成的高质量无线电信号仿真数据集。它包含 11 种调制方式。每种调制类型的每个信号包含 20 种信噪比(Signal-to-Noise，SNR)，每个 SNR 有 1000 个信号样本，每个样本有两个通道 I 和 Q，每个通道的信号长度为 128。我们将每种调制方式的信噪比数据按 4∶1 的比例分割，得到训练集和测试集。

EEG 数据集由 A、B、C、D、E 这 5 个子数据集组成，其中 A 子集和 B 子集分别为睁眼健康人和闭眼健康人的 EEG 信号。C、D、E 子集为癫痫病患者。我们特地将 EEG 数据集划分为 EEG^1 和 EEG^2，其中 EEG^1 将子集 E 作为一个单独的类别，其余 4 个子集作为另一个类别，EEG^2 将每个子集作为单独的类别。

此外，我们还从 UCR 数据库[46]中选取时间序列数据集来验证我们的方法和 LPVG。具体来说，我们在这里使用 Adiac、ElectricDevices 和 Herring 数据集。

以上数据集的基本统计情况如表 10.1 所示。

表 10.1　实验采用的数据集的基本统计

数据集	#训练样本	#测试样本	#类别	长度
RML2016.10a	176 000	44 000	11	128
EEG^1	450	50	2	4097
EEG^2	450	50	5	4097

(续表)

数据集	#训练样本	#测试样本	#类别	长度
Adiac	390	391	37	176
ElectricDevices	8926	7711	7	96
Herring	64	64	2	512

10.4.2 实验设置

在验证方法 CLPVG 时，由于 RML2016.10a 数据集的每个样本都有两个通道，因此对其进行处理，如图 10.2 所示。首先对每个信号的 I 通道和 Q 通道数据进行处理，分别得到图 G_I 和图 G_Q。然后，我们分别从图 G_I 和图 G_Q 提取一阶子图网络 $SGN_I^{(1)}$ 和 $SGN_Q^{(1)}$，从而用 4 个图 G_I、G_Q、$SGN_I^{(1)}$ 和 $SGN_Q^{(1)}$ 表示一个信号样本。然后，使用 Graph2vec 图嵌入方法对这些图提取 4 个长度为 L 的特征向量。进一步将它们组合起来，得到一个长度为 $4L$ 的单一向量来表示一个信号样本。最后，使用随机森林[14]对从所有信号中提取的所有特征向量组成的特征矩阵进行处理，完成分类。对于其他数据集，由于它们都是单变量的时间序列，因此只需要将每个样本转换成一个图，得到相应的 $SGN^{(1)}$，然后用两个而不是 4 个图来表示每个信号样本。其他设置也是相同的。

对于 AVG 方法，很容易按照图 10.6 所示的过程对单变量时间序列 EEG、Adiac、ElectricDevices 和 Herring 进行处理。但是，我们不能直接处理多元时间序列数据集 RML2016.10a，因为 Diffpool 要求每个输入样本的图数为 1。因此，我们删除 Diffpool 模型的最后一个全连接层，然后用这个不完全 Diffpool 模型分别对 I 通道和 Q 通道得到的图进行处理，得到对应的两个特征向量。将这两个向量拼接成一个向量后，使用一个全连接层进行分类。

由于我们的方法 CLPVG 和 AVG 都是在 LPVG 的基础上提出的，因此在这里只简单使用 LPVG 作为基准进行比较。

10.4.3 实验结果

利用 LPVG、CLPVG 和 AVG 对时间序列进行分类的结果如表 10.2 所示。为了了解 SGN 对 LPVG 和 CLPVG 方法的影响，我们将这两种方法分为使用 SGN 和不使用 SGN 两种情况，尤其在表 10.3 中给出了 RML2016.10a 数据集在不同信噪比下不同方法的精度。提出 CLPVG 的目的是比 LPVG 更灵活地将时间序列映射为图，以应对特定的分类任务，如提高特定信噪比或特定信噪比信号范围的分类精度。而设计 AVG 的目的是想得到更好的时间序列图表示，从而获得更好的分类精度。

表 10.2 LPVG、CLPVG 和 AVG 在不同数据集上的分类精度(粗体值是最佳结果)

数据集	LPVG	LPVG+SGN[(1)]	CLPVG	LPVG+SGN[(1)]	AVG
RML2016.10a	47.68%	48.48%	49.40%	50.07%	**55.36%**
EEG[1]	97.75%	97.60%	97.80%	97.80%	**100%**
EEG[2]	64.82%	72.62%	67.40%	73.42%	**76.00%**
Adiac	42.20%	44.05%	69.05%	**72.12%**	64.45%
ElectricDevices	64.42%	64.80%	65.82%	66.54%	**71.49%**
Herring	70.31%	64.06%	70.31%	65.63%	**71.88%**

表 10.3 RML2016.10a 数据集在不同信噪比下的精度(粗体值是最佳结果)

信噪比	LPVG	LPVG+SGN[(1)]	CLPVG	CLPVG+SGN[(1)]	AVG
18dB	78.77%	80.77%	79.77%	79.77%	**83.82%**
16dB	77.05%	79.50%	78.50%	79.27%	**83.86%**
14dB	74.32%	78.86%	78.09%	79.77%	**82.59%**
12dB	75.73%	80.41%	78.09%	77.77%	**83.09%**
10dB	75.45%	79.36%	77.18%	78.05%	**85.23%**
8dB	74.18%	77.05%	74.68%	76.09%	**82.45%**
6dB	69.27%	74.82%	73.68%	72.73%	**81.23%**
4dB	66.68%	66.55%	67.59%	70.23%	**82.82%**
2dB	57.09%	55.86%	59.36%	62.36%	**79.82%**

(续表)

信噪比	LPVG	LPVG+SGN[1]	CLPVG	CLPVG+SGN[1]	AVG
0dB	52.77%	46.55%	53.18%	56.45%	**76.00%**
−2dB	43.68%	42.32%	42.55%	48.55%	**66.64%**
−4dB	39.95%	41.55%	37.14%	42.09%	**55.50%**
−6dB	33.64%	38.45%	37.09%	36.95%	**45.05%**
−8dB	28.41%	29.05%	30.91%	28.55%	**32.68%**
−10dB	21.64%	19.45%	24.09%	23.14%	**24.23%**
−12dB	18.64%	17.59%	**21.73%**	19.59%	16.68%
−14dB	16.86%	15.91%	**20.32%**	17.64%	14.91%
−16dB	16.45%	14.86%	**18.05%**	17.55%	10.00%
−18dB	16.77%	15.32%	**18.14%**	18.14%	10.45%
−20dB	16.27%	15.36%	**17.77%**	16.68%	10.14%
总体	47.68%	48.48%	49.40%	50.07%	**55.36%**
≥0dB	70.13%	71.97%	72.01%	73.25%	**82.09%**
>5dB	74.97%	78.68%	77.14%	77.64%	**83.18%**
>−5dB	65.41%	66.97%	66.65%	68.59%	**78.59%**

从表 10.2 和表 10.3 可以看出,通过对比第 2 列和第 4 列的结果,CLPVG 获得的分类精度确实略高于 LPVG。同样,通过比较第 3 列和第 5 列的结果,也可以得到相同的结论。结果表明,由于 CLPVG 能够控制弧的弯曲度,因此该映射方法得到的图比 LPVG 得到的图更能表示原始时间序列。此外,对于 CLPVG 和 LPVG,SGN 在大多数情况下对提高分类精度都有积极的作用。

此外,很明显,在考虑的所有数据集中,除了数据集 Adiac,其他数据集的 AVG 都明显优于 CLPVG 和 LPVG,无论是否采用 SGN。这一结果是合理的,因为基于 GNN 的 AVG 在建立时间序列图时更加灵活。也就是说,AVG 得到的这些图在一定程度上优化了对时间序列的分类,从而可以更好地捕捉原始时间序列的隐藏特征。更有趣的是,对于低信噪比的信号,CLPVG 的表现似乎出人意料地优于 AVG 和 LPVG,如表 10.3 所示,这表明 CLPVG 可能是处理含有大量噪声的时间序列以获得稳健结果的良好候选。

10.5 本章小结

在本章，我们重点研究了将时间序列映射为图，并提出了两种新的映射方法 CLPVG 和 AVG，它们比已知的 LPVG 更灵活，因此由这两种方法生成的图可以更好地捕捉原始时间序列的隐藏特征。我们通过引入超参数来控制弧弯曲度，从而将 LPVG 中的直线替换为 CLPVG 中的弧，这使 CLPVG 能比 LPVG 更灵活地处理不同类型的时间序列。对于 AVG，进一步使用 GNN 自动生成时间序列图，端到端完成时间序列分类，达到了最先进的性能。此外，本文还采用了第 3 章介绍的 SGN 方法对特征空间进行了扩展，在一定程度上提高了 LPVG 和 CLPVG 的性能。在未来，我们将尝试开发更多的方法来将时间序列映射为图，从而利用先进的图数据挖掘算法方便地进行时间序列的分析。

第 *11* 章

探索社交机器人的受控实验

闵勇，周钰颖，江婷君，吴晔

摘要：随着数字媒体的不断发展，人们从互联网上接收到的信息越来越多。同时，社交机器人技术也相应获得了发展。一方面，社交机器人的出现和发展为人类提供了便捷的服务；另一方面，它也对网络环境产生了污染。因此，越来越多的研究开始关注社交机器人。本章首先介绍了社交机器人的概念，包括定义、应用和影响。然后，介绍了在社交网络上部署社交机器人所需要的技术，并总结了 4 种检测社交机器人的方法。最后，分析了社交机器人作为研究社交网络的受控实验的可行性，并回顾了一些现有的研究成果。

11.1 简介

如今，随着数字媒体的发展，社交机器人在互联网中被广泛使用。人工智能技术的逐渐成熟也使它们变得越来越"聪明"，能够协助"主人"完成各种任务。从初衷来讲，社交机器人的设计旨在为人类和人类社会服务。然而互联网上也存在着恶意社交机器人，为了实现某种目的而破坏网络的稳定性。由于数字媒体在人们生活中占据的比重越来越大，人们的大部分信息都来自网络，因此这些恶意社交机器人的影响也越来越大。但是，我们不能忽视社交机器人作为工具正确使用所带来的好处。

近年来，社交机器人领域备受关注，越来越多的研究者对社交机器人在网络信息传播中的影响进行了研究。其中有代表性的是 Shao 等[1]在 *Nature Communication* 上发表的关于机器人和虚假新闻之间的相关性的研究，以及 Stella 等[2]在 *PNAS* 上发表的关于西班牙加泰罗尼亚地区独立公投期间社交机器人的作用的研究。

一些研究者已经提出了一些针对恶意社交机器人的检测算法。Liu 等[3]分析了社团结构，并使用社团相似性从真实用户中分离出恶意社交机器人。Mehrotra 等[4]提出了一种使用图中节点的中心性度量检测假粉丝的方法。此外，Davis 等[5]使用了一种基于特征的检测方法。他们通过 1000 多个特征来评估一个 Twitter 账户和已知的社交机器人特征之间的相似性。Wang 等[6]探讨了用于在线社交网络的众包 Sybil 检测系统的可行性。

近年来，智能社交机器人技术被用于在真实的社交网络和媒体环境中开展受控实验，这是一个很好的应用。Murthy 等[7]在 2015 年英国大选期间，通过在 Twitter 上投放社交机器人账号，跟踪并检测了社交机器人对政治事件相关舆论的影响。Monsted 等[8]在 Twitter 上部署社交机器人来分析标签传播，并验证了不同信息传播模式的有效性。Min 等[9]在中国的微博上进行了第一个社交机器人的受控实验。2020 年 1 月，Ledford 等[10]在 *Nature* 杂志上发表了一篇论文，明确指出了如何利用社交机器人进行研究。同时，他们提出，打击现有的推荐算法和恶意社交机器人是互联网信息传播领域的一个前沿问题。

由此可以看出，社交机器人已经成为互联网上的重要角色。本章总结了社交机器人的一些相关知识。11.2 节介绍了社交机器人的定义；11.3 节描述了社交机器人的使用和影响；11.4 节介绍了一些相关技术；11.5 节总结了一些流行的恶意社交机器人检测算法；11.6 节是社交机器人在受控实验中的应用；11.7 节提出了社交机器人在实验中的前景和一些现有问题。

11.2　社交机器人的定义

所以,什么是社交机器人呢? 尽管社交机器人已经被广泛讨论和研究,但迄今为止仍然没有公认的定义。记者和报道给出了他们自己的理解。不同的定义之间有很大的区别,甚至在某种程度上是矛盾的。一些定义可能侧重于社交机器人的技术,而其他定义可能侧重于社交机器人所做的事情。

Woolley 等[11]将社交机器人定义为一种特殊类型的自动化软件代理,用来收集信息、做出决策,以及与真实用户进行在线互动和模仿。这个定义与 Ferrara[12]给出的"社交机器人是一种计算机算法,它自动产生内容并在社交媒体上与人类互动,试图模仿并可能改变他们的行为"相似。

Howard 等[13]指出,社交机器人能够迅速部署消息,复制自己,并冒充人类用户,无论其用途如何。它们可以执行合法的任务,如传递新闻和信息,也可以进行恶意的活动,如传播垃圾邮件、骚扰和仇恨言论。

Weedon 等[14]强调,自动化是社交机器人的关键标志。Hwang 等[15]将社交机器人定义为在社交网站上自主运行的程序,而 Wagner 等[16]认为社交机器人是自动或半自动的计算机程序,可以模仿在线社交网络中的人类和人类行为。

Grimme 等[17]将社交机器人作为一个高级概念给出了更详细的定义。其定义包括 5 个方面: ①全自动化以及部分由人类主导的机器人行为;②自主行为(agent-like);③有明确的目标;④多种交互模式;⑤更广泛的生态系统(所有在线媒体)。然后他们列举了几个社交机器人的例子,如聊天机器人(一个软件系统,可以用英语等自然语言与人类用户互动或聊天)[18]、垃圾邮件机器人、政治机器人(传播政治内容或参与政治讨论)[11]和手机助手等。本章采用 Grimme 给出的定义。

11.3　社交机器人的应用和影响

社交机器人很复杂。它们的行为像人,但思维像机器人[12]。实际上,它们生来就是为人类服务的。它们可以在社交网络上做很多事情。然而,任何技术的出现都可能伴随着滥用，社交机器人也不例外。

11.3.1 应用

虽然社交机器人的目的是提供服务，但技术的出现总是伴随着滥用。如今，虽然有些社交机器人被用来服务社会，但大多数都被用于恶意行为。在本章中，将社交机器人的应用分为 5 类。

(1) 信息传播：旨在自动发布最新的新闻、博客、突发事件信息，或收集大量的内容(如天气更新、星座运势等)供人类消费和使用。

(2) 科学实验工具：社交机器人可以被用作社交网络上的科学实验工具。这一内容将在 11.6 节详述。

(3) 广告营销：在短时间内，社交机器人可以发布大量几乎相同的内容，实现广告营销。

(4) 网络钓鱼：在信息中嵌入恶意链接，以欺骗用户，窃取用户隐私。

(5) 舆论引导：在社交网络上的各种意见的形成过程中，社交机器人旨在引导舆论，改变公众意见的形成。

11.3.2 影响

由于大量的社交机器人被设计出来做“坏事”，因此我们在这里讨论的影响是负面的。社交机器人可以被用来干预政治，在选举过程中故意引导公众舆论，影响政治选举结果。Stella 等[2]分析了社交机器人对 2017 年 10 月 1 日西班牙加泰罗尼亚地区独立公投的影响。通过使用近 100 万用户产生的近 400 万条 Twitter 帖子，他们量化了社交机器人发挥的结构和情感作用。他们声称，社交机器人增加了在线社交系统中负面和煽动性内容的曝光率。他们提出了一个框架来检测由社交机器人推动的潜在危险行为。他们通过分析在提及、回复和转发中观察到的社交互动，发现人类和社交机器人具有相似的时间行为模式。情感分析表明，社交机器人在转发机器人消息时几乎没有情绪偏差，但在转发人类消息时却有明显的正面或负面情绪趋势。结果显示，社交机器人选择有影响力的人，用暴力内容攻击独立主义者，使独立主义者的叙述变得消极，这将会加剧网络上的社会冲突。

Ferrara 等[19]分析了社交机器人在 2017 年法国总统选举前对 MacronLeaks 虚假新闻活动的影响。他们收集了 2017 年 4 月 27 日至 2017 年 5 月 7 日期间近 1700 万条帖子的大规模 Twitter 数据集。他们将机器学习与认知行为建模技术相结合，区分人类与机器人，并分析这两个群体。他们认为该活动失败的原因是与 MacronLeaks 互动的用户大多是对另类右翼话题和另类新闻媒体有兴趣的外国人，而不是政治观点不同的法国用户。Bessi 等[20]研究了社交机器人如何影响 2016 年美国总统选举前后的政治讨论，发现整个对话中约有 20%可能不是由人类产生的。他们分析了人类和机器人的政治党派关系以及机器人网络嵌入程度的影响机制。

社交机器人也可能被用来传播一些虚假新闻，造成虚假新闻的泛滥。Shao 等[1]分析了社交机器人对低可信度内容的传播。通过收集和分析 2016 年和 2017 年 10 个月 Twitter 上的 1400 万条信息(包括 40 万篇文章)，他们发现社交机器人在传播低可信度来源的文章中发挥了不成比例的作用。在传播之初，机器人夸大了内容。同时，机器人通过回复和引用吸引追随者。而人类很容易相信并转发这些内容。

社交机器人可以被用来非法窃取个人隐私。Boshmaf 等[21]设计了一个社交机器人网络并对其进行分析，以评估在线社交网络面对社交机器人攻击的脆弱性。他们将一组协同可编程社交机器人投放在 Facebook 上 8 周，并收集了关于人类行为的数据作为回应。结果显示，社交机器人的攻击成功率高达 80%，而且由于用户资料的设置，更多的私人数据可能被暴露。

此外，社交机器人还存在许多危险，如操纵股市、成为破坏个人或公司声誉的工具、扰乱社交网络环境、在线上社交网络传播负面情绪等。

虽然很多社交机器人被用来破坏网络环境，影响社会稳定，但只要使用得当，社交机器人仍可以提供一些高效、智能的服务，促进社会进步，如搜索新闻、自动回复、智能聊天等。它们也可以用于科学研究，现在很多研究人员已经发现了社交机器人作为科学研究工具的优点。它们的智能可以取代人力，甚至可以做到比人类更高效、更灵活。例如，近年来，一些研究开始利用社交机器人进行对照实验，探索人机互动的规则以及社交网络的结构和特点，进而探索公众舆论干预和引导的新技术。这一部分将在 11.6 节介绍。

11.4 社交机器人的开发技术

要在网络上部署社交机器人，首先需要互联网接入技术，以使机器人能够在网络上自由移动。然后，需要使用人工智能技术，使社交机器人能够理解和模拟人类行为。同时，也需要网络科学知识，使社交机器人能够掌握网络结构，从而更快、更直接地实现"社交"目标。下面总结了一些主流技术。

11.4.1 互联网接入技术

互联网接入是指将计算机、移动设备和其他电子设备连接到互联网，从而实现设备之间的信息传输，使用户能够使用互联网上提供的各种服务。

1. PC 端

- **HttpClient**：HttpClient 是一个支持 HTTP 协议的客户端编程工具包，它支持 Http 协议的最新版本和建议。HttpClient 已经在很多项目中使用，如 Cactus 和 HtmlUnit，这是 Apache Jakarta 上两个著名的开源项目。

2. 基于浏览器的接入

- **Selenium WebDriver**：WebDriver 又称 Selenium2，是 Selenium 套件中最重要的组件。WebDriver 通过浏览器自动化的本地接口直接调用浏览器，对浏览器进行一些自动操作，如打开指定的网页、获取当前网页的源代码、点击网页中的某个位置、模拟浏览等。它可以自动模拟人类的网页浏览行为，并避免一些网站的 JavaScript 防爬取检查。它支持大多数常用的编程语言，如 Java 和 Python 等，有利于多平台、多线程开发。同时，用户可以使用无界面的浏览器来省省机器资源。

- **Puppeteer**：Puppeteer 是一个通过 DevTools 协议控制 Chrome 或 Chromium 的 Node 库。Puppeteer 可以生成页面截图或 PDF 文件、抓取 SPA、生成预渲染内容、自动提交表单等。
- **Chrome 插件**：Chrome 插件可以自动控制 Chrome 进行网络请求。Chrome 插件是一种利用网络技术开发的软件，用于增强浏览器功能。它是一个带.crx 后缀的压缩包，由 HTML、CSS、JS 和图片等资源组成。Chrome 插件提供许多有用的 API，包括窗口控制、标签控制、网络请求控制、各种事件监控、完整的通信机制等。Chrome 插件可以避开 JavaScript 的防爬取技术，在 Chrome 加载网页时修改 WebDriver 的属性值。

3. 移动端

- **ADB(Android Debug Bridge)**：ADB 是一个 Android 工具，可以用来连接到模拟器或实际的移动设备。ADB 可以监控所有连接的设备(包括模拟器)，并且可以提供许多命令来控制设备。
- **Appium**：Appium 是一个开源的、跨平台的测试自动化框架。与 Selenium WebDriver 一样，它也基于 HTTP 协议并与 Node.js 打包在一起。它处理 HTTP 请求的方式与 Selenium WebDriver 相同；也就是说，服务器接收遵循客户端发送的 JSON 协议的 HTTP 请求。Appium 支持跨各种平台的应用自动化，如 iOS、Android 和 Windows。每个平台都有一个或多个"驱动程序"支持，它们知道如何实现特定平台的自动化。
- **Macaca**：Macaca 是一个开源的自动化测试解决方案。它是跨平台的。应用场景支持主流的移动技术平台：iOS、Android 以及两者的混合运行平台，同时也支持桌面浏览器。

11.4.2 人工智能基础

社交机器人还涉及自然语言处理，这是人工智能的一个分支。自然语言处理是对语言各方面的数学和计算模型的研究，以及对各种系统的开发[22]。

社交机器人可以使用自然语言处理方式与人类互动。文本分类是自然语言处理的一个分支。在社交机器人的运行过程中，需要进行文本分类，包括话题识别、情感分析和意图识别等。

11.4.3　网络科学理论

每个社交网络都有独特的结构和特点。由于社交机器人在网络中运行，因此对网络结构和传输的分析也必不可少。这一部分知识可以参考 *Network Science* 一书。

11.5　社交机器人检测

社交网络有庞大的用户群体。现如今，越来越多的人开始使用各种社交平台，日常生活与社交平台紧密结合。相应地，社交网络的普及也导致了社交机器人的崛起。

恶意社交机器人会窃取用户隐私，发送垃圾邮件，传播虚假信息，甚至操纵社会舆论，这已经严重危害网络空间安全。因此，越来越多的研究人员开始研究如何区分社交网络中的社交机器人与合法用户。一般来说，这些方法分为 4 类[12]：基于图的检测、基于特征的检测、众包检测，以及多种方式的混合使用，如图 11.1 所示。

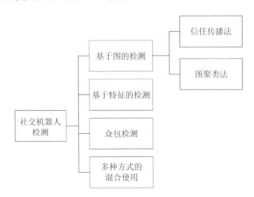

图 11.1　社交机器人检测方法的分类法

11.5.1　基于图的检测方法

基于图的检测方法使用用户群体之间的图结构来检测恶意社交机器人。当下基于图的主流检测算法通常基于以下假设：恶意用户很难与社交网络中的大量合法用户产生关联，因此它们倾向于形成自己的社区[12]。基于这一假设，通常提出两类基于图的方法，即信任传播法和图聚类法[23]。

信任传播法的一般过程是先确定一些可信的种子节点，然后根据可信节点与未知节点之间的联系来传播信任。例如，SybilGuard[24]、Gatekeeper[25]、SybilLimit[26]、SybilRank[27]和 SybilRadar[28]采用随机游走技术向外传播信任。

图聚类法主要是通过检测社区识别恶意群体。Liu 等[3]提出了一种基于社区的方法，它包含两个主要步骤。他们首先采用 BIGCLAM[29]社区检测算法来识别社区，并根据用户表现出的特征为每个用户分配一个初始标签。然后，通过结合用户的初始标签和其社区好友，反复完善用户的标签。

11.5.2　基于特征的检测方法

基于特征的检测方法利用各种账户特征训练分类器,以检测恶意账户。Mehrotra等[4]提出了一种仅使用图中节点的网络度量来检测假粉丝的方法。在他们的工作中，6 个网络中心度量被用作特征，即介数中心性(Betweenness Centrality)、特征向量中心性(Eigenvector Centrality)、入度中心性(Indegree Centrality)、出度中心性(Outdegree Centrality)、Katz 中心性(Katz Centrality)和负载中心性(Load Centrality)。他们应用了 3 种分类器,即人工神经网络、决策树和随机森林,并获得了高达 95%的准确率、88.99%的查全率和 100%的召回率。

与 Mehrotra 的工作相比，John 等[30]分析了合法账户和机器人账户的推文情绪的语义特征。他们提出了用于检测社交机器人的框架 SentiBot。SentiBot 利用了 4 类特征：推文语法、推文语义、用户行为和用户邻域。结果表明，情绪在识别机器人的过程中起着重要的作用。

BotOrNot[5]是一个基于特征的社交机器人检测架构，它是 Twitter 的一个公开服务，于 2014 年发布。该系统利用了 1000 多个特征，并将它们分为 6 个类别，总结在表 11.1 中。BotOrNot 使用随机森林作为分类器。他们收集了包含 15 000 个人工验证社交机器人和 16 000 个合法账户的数据集，并使用由超过 560 万条 Twitter 推文组成的数据集训练模型。经过十折交叉验证，其 AUC 达到了 0.95。

表 11.1　基于特征的系统在检测社交机器人时采用的特征类别

类别	描述	特征实例
网络	网络特征包括信息扩散模式的各个层面	度分布、聚类系数、中心度量
用户	用户特征是与账户相关的元数据	语言、地理位置、账户创建时间
朋友	朋友特征涉及与账户的社交联系人有关的描述性统计数字	粉丝或关注数量的分布情况
时间	时间特征反映了内容生成和消费的时间模式	每天平均发帖数
内容	内容特征与账户发布的信息有关	帖子中的字数，标签的数量
情绪	情绪特征是指一个账户的发帖的情绪	情绪

11.5.3　众包检测方法

众包是指以自由和自愿的方式将任务分配给不特定的人。用于社交机器人检测的众包方法主要依靠人类的智慧和敏感性。Wang 等[6]探讨了像 Amazon 的 Mechanical Turk 那样应用人力(众包)检测社交机器人的可行性。他们认为，细心的人类用户可以理解对话中的细微差别，甚至可以捕捉到账户资料和帖子内容中的轻微不协调。此外，他们设计了一个实验，聘请专家(专业人类用户)和工人(非专业人类用户)仅通过个人资料信息检测社交机器人，实验结果验证了他们的看法。他们设计了一个有两层的众包社交机器人检测系统。第一层是过滤层，使用前人工作中的自动化技术，如基于图的检测和基于特征的检测，来标记可疑的账户信息。第二层是众包层，其输入是由过滤层识别出的可疑信息，然后由一组工作人员将其分类为合法账户或虚假账户。

然而，众包策略也有一些缺点。第一，采用这种方法需要雇用一些专家和大量工人，可能产生较高的成本。第二，用户的个人信息暴露给外部工作者群体，可能会引发隐私问题。第三，由于工作者群体的匿名性，有些成员可能只是为了获得报酬而接受任务，但并不认真完成任务，从而影响检测结果的准确性。

11.5.4 多种方式的混合使用

Advise 等[31]首次提出需要建立一个更加复杂的检测系统，它结合了几种检测技术，以有效地检测社交机器人。人人网的 Sybil 检测器[32,33]是一个结合多种检测技术的混合系统。该系统在某些方面具有网络图结构和基于特征的检测的优点。Cao 等[34]提出了一个聚合行为模式来发现恶意账户。首先，他们的工作是基于 Wang 等[32]的发现，即来自社交机器人的 HTTP请求与来自合法账户的请求有不同之处，并根据其请求动作的相似性对账户进行聚类。其次，使用预先标记的账户发现恶意账户群体。

11.6 社交机器人与社交网络受控实验

目前，对在线社交网络的研究主要依靠观察法，即研究者不能介入研究对象，只能被动地对获得的数据进行处理和分析。然而，大量的开放数据包含大量的噪声并有隐私泄露的风险。为了克服纯观察研究的缺点，一些研究人员巧妙地利用自然实验或准实验，对现有数据集进行比较分析和因果推断。然而，不受控制的方法限制了研究。社交网络分析方法的比较如图 11.2 所示。最近，社交网络的受控实验加深了我们对信息共享和传播的理解。此外，与大数据方法相比，受控实验可以有效控制影响因素，而且样本集相对较小[35]。社交机器人被应用于受控实验研究，这可能是社交机器人一个新的应用方向。随着人工智能技术的不断发展以及大数据和社交计算技术的兴起，社交机器人可以更准确地模拟人类的部分行为，这为在线社交网络受控实验研究提供了新的工具。

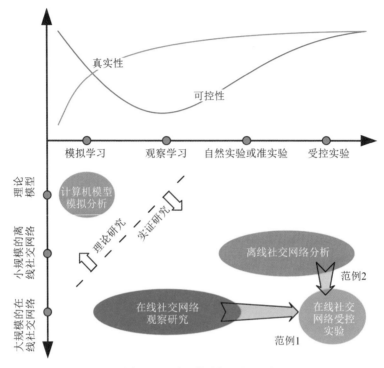

图 11.2   社交网络分析方法的比较

11.6.1   在线社交网络受控实验

受控实验是指在控制条件下进行的科学试验，即在每个实验中，只有一个或几个因素发生变化，而其他因素保持不变。与观察数据分析相比，受控实验中的研究对象是由实验设计者控制的。因此，可以通过少量的因素来探讨受控因素与实验结果之间的因果关系。由于受控实验要求高，在线社交网络环境复杂，用户数量大且分布广，因此受控实验方法在对大规模在线社交网络的研究中并不常见。但是，几乎所有受控实验的研究成果都具有较高的理论水平和实用价值。

目前，在线社交网络受控实验主要有两种模式(见图 11.2)。第一种模式可以称为"嵌入模式"，它呈现了从复杂性科学的理论分析和大数据观察研究到受控实验的演变过程。它继承了复杂性理论分析中的抽象模型和仿真研究思路，以及大数据观察研究对实时性和真实性的要求。嵌入模式通常直接在真实的大规模社交网络(如 Facebook 和 Twitter)进行测试。实验的规模巨大，通常涉及数万甚至数千万用户。例如，在 Robert 等[36]的实验中，共涉及约 6100 万 Facebook 用户。由于规模大，这种模式所采取的控制措施通常比较简单，只需要对用户的操作、信息和界面进行少量的干预。同时，这种模式通常需要相关的社交网络服务提供者的合作或支持。嵌入模式以真实的在线社交网络服务为研究对象，将实验干预嵌入真实网络中进行科学研究。

另一种模式可称为"平台模式"，它呈现出从传统的离线社交网络到在线社交网络的演变。这种模式的规模介于传统的离线网络实验和嵌入模式实验之间，通常约为 1000 人。同时，这种模式利用互联网技术创建自己的实验性社交网络或应用程序，而不依赖真实的社交网络服务提供商。因此，平台模式是将传统的离线受控实验转移到在线平台执行的模式。它充分利用了互联网和计算机技术，扩大了离线实验的规模，同时能够控制和模拟更复杂的影响因素。它可以模拟一些在线社交网络的运行和特征，更便于社交网络的结构演变和心理学实验研究。

在在线社交网络受控实验中，使用最广泛的实验方法和工具主要包括电子邮件服务、自主开发的社交网络/应用程序、社交网络定制和众包服务。在社交网络研究中，最早使用的互联网工具是电子邮件服务。经典的社交网络理论，如小世界网络，都依赖于电子邮件。自主开发的社交网络应用程序是指研究者独立开发的小型在线实验性社交网络服务或利用现实(离线)社交网络服务商的官方应用接口开发的嵌入式应用程序(如微博平台的微盘)进行的受控实验。例如，Deters 等[37]让参与者添加 Facebook 账号成为好友，这样就可以通过账号动态获取用户授权的各种信息或规范用户行为，并进行分析研究。社交网络定制是由在线社交网络提供商主导，直接修改现有社交网络服务平台(如微博、微信、Twitter、Facebook 等)的一些功能和显示，从而控制用户的信息获取或行为。利用社交网络定制进行受控实验是最常用的方法，但由于服务商的限制，这也是一种准入门槛最高的方法。例如，在 2010 年美国国会选举期间，Robert 等[36]进行了一个随机受控实验，控制用户是否可以通过定制的 Facebook 界面看到朋友的投票动态，验证了在线社交网络在政治动员中的巨大潜在价值。众包是指组织将原先由固定人员完成的任务免费、自愿地分配给非特定的大众网络用户。目前的众包平台允许研究人员利用互联网技术定制具体的实验任务系统，并开放给公众志愿者进行合作。例如，Li 等[38]在众包平台 Mturk 上进行了社会困境实验，他们从受控实验的角度检验了两种网络互惠机制和昂贵的惩罚机制的效果。下面是这些模式和方法的对比，如表 11.2 所示。

　　人工智能技术的发展为针对在线社交网络的实验性研究提供了新的机会。例如，基于自然语言处理技术的社交机器人已经被应用于受控实验。

表 11.2　在线社交网络受控实验的模式和工具

实验方法 和工具	实验模式	优点	缺点
电子邮件	平台模式	进入门槛低、反映真实的网络	可控性低、应用范围小、缺少现代社交网络服务的特点
自主开发的社交网络应用程序	平台/嵌入模式	高可控性、反映真实社交网络的一部分	难以开发、成本高
众包服务	平台模式	继承性好、能够直接使用实验室范围的工具、可控性高	应用范围小、社会关系和内容真实性低
社交网络定制	嵌入模式	反映真实的网络、应用范围广	进入门槛高、法律和道德风险高

11.6.2　社交机器人在受控实验中的应用

　　社交机器人为在线社交网络受控实验研究提供了全新的工具和模型，为社交网络分析提供了新的视角。该模型以真实的社交网络为实验环境，以具有智能行为的仿真软件机器人为实验对象，兼顾纯数值仿真分析的灵活性和可控性、真实社交网络服务的真实性、相对较低的准入门槛和实验成本。

Mønsted 等[8]在 Twitter 上部署了社交机器人来实现标签传播，并验证了不同信息传播模型的有效性。他们提出了两个描述简单和复杂传染动态的贝叶斯统计模型，并测试了相互竞争的假说。他们的实验表明，复杂感染模型比简单感染模型能更准确地描述观察到的信息扩散行为。宾夕法尼亚州立大学的政治学家 Munger 使用具有不同用户属性和粉丝数量的社交机器人攻击有种族主义言论的账户[39]，旨在减少白人种族主义言论。研究发现，如果社交机器人携带一张拥有大量粉丝的白人照片，那么被该社交机器人攻击的账户的种族主义言论会大量减少。实验从实验室环境扩展到真实的网络环境，使用客观的结果进行行为测量，并连续两个月收集数据，该研究是行为学研究的一大进步。Murthy 等[7]人为地在 Twitter 上投放社交机器人，跟踪和测量机器人对政治事件(2015 年英国大选)相关舆论的影响，并测量机器人在促进话题网络形成和传播特定标签信息方面的程度值。结果显示，机器人的效果并不明显。Chen 等[40]在 Twitter 上部署了中立的社交机器人，以探究可能由用户之间的互动、平台机制和非真实行为者的操纵而产生的偏见。他们发现了美国 Twitter 用户经常接触到的新闻信息中事实上带有偏见的证据，这些偏见基于用户自己的政治倾向。

Min 等[9]在微博部署了 128 个微博社交机器人。通过分析这些机器人产生的数据，他们阐明了从选择性曝光到极化的途径，特别是过滤泡的结构和功能。考虑到对用户隐私的保护，这种方法只限于使用这些机器人产生的数据，没有任何关于实际人员的隐私数据。

社交机器人的工作流程包括 5 个步骤，如图 11.3 所示。

(1) 最初，每个社交机器人被分配 2 到 3 个默认关注者，这些被关注的用户大多发布或转发与社交机器人偏好主题一致的信息。

(2) 社交机器人将定期从空闲状态被唤醒。社交机器人被唤醒后，可以查看其关注用户发布或转发的最新信息。在这个过程中，所有信息都按照发布时间以降序重新排序，从而消除算法排名和推荐系统对信息曝光的影响。

(3) 在查看公开信息后，社交机器人只选择与偏好主题一致的信息。在这一步骤中，首先使用 FastText 文本分类算法得到初步的分类结果，然后由实验人员进行验证，以确保准确性。虽然需要人工监督，但该算法可以过滤掉大量不一致的消息。

(4) 如果在所选的消息中存在转发的消息，根据有向三元闭包理论，社交机器人将随机选择一条转发的消息，并关注其直接来源。

(5) 如果关注数量达到上限，社交机器人将停止运行；否则，社交机器人将变成空闲状态并等待再次被唤醒。

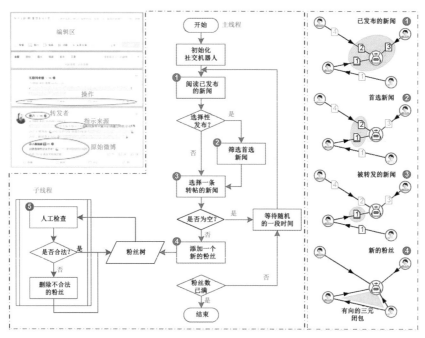

图 11.3　中立社交机器人的设计。基于微博的操作界面(左)，作者用流程图(中)和示意图(右)说明社交机器人的主要工作流程，包括自动化流程(1～4)和人工辅助流程(5)

为了避免法律和道德方面的风险，社交机器人在实验中不会产生、修改或转发任何信息。在整个过程中，所有社交机器人不会与真实用户直接互动，而仅限于关注他们；收集到的所有数据都向用户开放，允许用户公开访问。社交机器人只可见与其直接关注者之间的连接，而不可见其直接关注者之间的连接。换句话说，该实验不会干扰用户的行为或信息的传播，并且所有使用的数据都是公开数据。因此，这种方法避免了侵犯用户隐私的风险。

作者采用了微博中两个最活跃的话题：娱乐和科技，并为每个话题设计了两个实验组：主题组和随机组。在主题组中，社交机器人选择偏好的内容来扩展其社交网络，但在随机组中，社交机器人从所有显露的内容中随机选择新的信息源，而不考虑偏好的主题。因此，他们设置了 4 个有 30～34 个社交机器人的实验性社交机器人组：娱乐主题组(Entertainment Group，EG)，科技主题组(Sci-tech Group，STG)，娱乐随机组(Random Entertainment Group，REG)，以及科技随机组(Random Sci-tech Group，RSTG)。实验进行了至少两个月，记录了约 130 万条显露在这些社交机器人及其社交网络中的信息。

通过比较主题组(EG、STG)和随机组(REG、RSTG)中社交机器人收到的数据，他们发现了选择性曝光和信息极化之间的联系。图 11.4 显示，娱乐主题一开始比科技主题更加极化。与初始状态相比，他们更关心社交机器人在社交网络形成后所消费的信息的多样性。在社交机器人实验结束时，REG 的首选主题比例比 EG 的首选主题比例下降更多，这表明选择性曝光很重要，但还不足以导致两极分化。另一方面，RSTG 和 STG 的首选主题比例相似，但都大大低于初始比例。这两个主题之间的差异表明，选择性曝光是否会导致两极分化取决于主题。

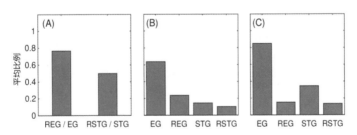

图 11.4　(A)初始状态下的首选主题比例 R^0。因为主题组和随机组有相同的初始关注，对于每个主题，有相同的 R^0。(B)最终状态 R^1 中的首选主题比例。(C)4 种处理方式中具有相同首选主题的关注的比例(P)

他们分析了网络中两个节点(即社交机器人的关注)之间所有可能的模体，通过考虑节点的度中心性(即节点的关注数量)，发现有 5 种可能的结构。对于一个有向弧的两个节点，如果度中心性之间的差大于阈值 T=10，则将两个节点区分为外围节点和中心节点，见图 11.5 中的图案 2A 和 2B。图 11.6(A)显示，EG 网络包含更多从外围节点到中心节点的单向弧，而 STG 网络在外围节点和中心节点之间有更多的双向弧。其次，图 11.6(B)显示 STG 网络包含更多的至少有两个双向弧的封闭三角形。

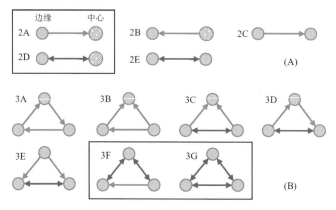

图 11.5　个人社交网络的模体，区分中心节点和外围节点

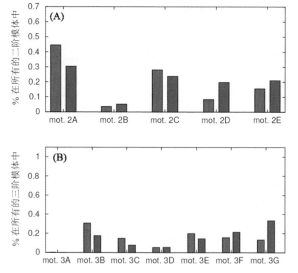

图 11.6　不同模体的统计结果，红色代表 EG 组，蓝色代表 STG 组

最后，他们将个人社交网络的演变可视化。如图 11.7 所示，STG 网络在去除所有单向弧后仍有很高的连接密度，而 EG 网络则相反，连接稀疏。因此，STG 网络是典型的双向聚类结构，而 EG 网络是典型的单向星形结构，有几个高度值的节点。星形社交结构中，中心节点只扮演信息源的角色，很少接收其他节点的信息。而双向聚类结构中的节点可以有效地交换信息，与具有不同偏好的朋友实现互补效应，从而促进信息的多样性。EG 网络和 STG 网络形成的两种不同结构导致了不同的极化水平。

由此可见，社交机器人的应用有利于开展网络受控实验，同时也可以促进以积极的方式使用社交机器人。

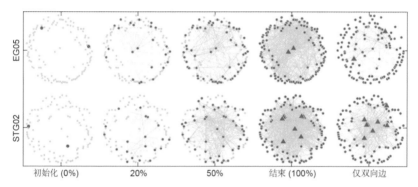

图 11.7　个人社交网络演变的可视化。在这个演示中，EG 中的社交机器人 05(EG05)和 STG 中的机器人 02(STG02)显示了从初始化的两个关注用户到运行结束的类似增长过程。然而，STG02 比 EG05 获得了更多的双向边。三角形代表具有高入度的节点，即相应的用户有大量的关注用户。可视化是基于入度中心性的径向布局；因此具有较高入度的节点更接近图的中心位置

11.6.3　社交机器人受控实验中的问题

1. 技术门槛高

使用社交机器人做受控实验有很高的技术要求，并且需要根据不同社交网络的结构设计专门的社交机器人。例如，Twitter 和微博的信息互动是相当不同的。Twitter 上的社交机器人不能直接应用于微博，反之亦然。同

时，所有的软件平台都会更新，届时社交机器人也需要进行实时修改。出于社交机器人的普遍性，目前的网络需要人工查验。复杂的文字和图形验证码使社交机器人无法在网络上顺利运行。社交机器人毕竟不是人类，想要使社交机器人像人一样在网络上运行，仍然具有很高的技术门槛。

2. 法律和道德问题

使用社交机器人进行受控实验可能会导致法律和道德问题。当社交机器人在互联网上运行时，很可能会干扰用户的行为，甚至产生一系列的问题，如舆论引导、侵犯隐私等。科学研究不应该侵犯用户的隐私，更不应该干预国家政治活动。在做实验时，研究人员需要注意的是，实验过程只用于科学研究，不能造成不当的控制和干预，引起社会纠纷。

11.7　结语

如今，社交机器人的负面效应远远超过了正面效应。谈到社交机器人，人们本能地将其与一系列贬义词联系起来，如"水军"和"喷子"。它们正在影响和改变公众舆论、政治选举等走向。网络上充斥着各种恶意社交机器人。因此，检测恶意机器人十分必要。11.5 节总结了 4 类恶意社交机器人的检测方法。同时，我们可以根据社交机器人的灵活性和有效性进行一些科学创新。11.6 节重点介绍了社交机器人在受控实验中的应用，这为社交机器人的未来发展提供了一些启发。